Das neue, große **HANDBUCH MODELLBAHN**

Markus Tiedtke | Dirk Rohde

Das neue, große HANDBUCH MODELLBAHN

Impressum

Autoren: Dirk Rohde, Markus Tiedtke
Mitautor: Michael Kratzsch-Leichsenring
Bildredaktion: Markus Tiedtke
Textredaktion: Michael Kratzsch-Leichsenring, Markus Tiedtke
Lektorat: Helga Peterz
Titelbilder: Markus Tiedtke

Produktmanagement: Dr. Wolf-Heinrich Kulke
Herstellung: Thomas Fischer

Satz & Grafische Gestaltung: Kurt Heidbreder/H.K. Luxembourg S.A.
Coverentwurf: Thomas Uhlig / www.coverdesign.net
Repro: w&co Media Services, München
Printed in Slovenia by MKT Print, Ljubljana 2008

Alle Angaben dieses Werkes wurden von den Autoren sorgfältig
recherchiert und auf den aktuellen Stand gebracht sowie vom Verlag ge-
prüft. Für die Richtigkeit der Angaben kann jedoch keine Haftung
übernommen werden. Für Hinweise und Anregungen sind wir jederzeit
dankbar. Bitte richten Sie diese an:

GeraMond Verlag
Lektorat
Postfach 80 02 40
D-81602 München
e-mail: lektorat@geramond.de

Die Deutsche Bibliothek – CIP Einheitsaufnahme
Ein Titeldatensatz für diese Publikation ist bei der Deutschen
Bibliothek erhältlich.
© 2009 GeraMond Verlag GmbH, München
ISBN 978-3-7654-7347-0

Vorwort

Den Weg vom Spielzeug zur perfekt gestalteten Modellbahnanlage legen wohl fast alle zurück, die sich mit dem Hobby Modellbahn und Modellbau intensiv beschäftigen. Stehen anfangs fast ausschließlich die Lokomotiven, Züge und Gleisanlagen im Mittelpunkt des Interesses, verlagert sich der Schwerpunkt des modellbahnerischen Schaffens später naturgemäß regelmäßig in Richtung Anlagenbau und Landschaftsgestaltung. Schließlich benötigen die Miniaturzüge eine passende Kulisse mit Signalen, Gebäuden, betrieblichem Umfeld etc.

Auch in Zeiten elektronischer Medien spielen bei der Entscheidungsfindung zum richtigen Modellbahnthema und Fragen zur Anlagenkonzeption Fachzeitschriften und Bücher eine besonders wichtige Rolle.

Aus diesem Grund möchte die vorliegende Publikation anhand zahlreicher Anlagenfotografien und informativer Texte aufzeigen, was die Geheimnisse eines wirklich erfolgreichen Modellbahnbetriebes sind und wie sich einzelne Blickfänge auf der eigenen Modellbahn auch ohne riesigen technischen Aufwand einfach durch die Wahl geeigneter Materialien schaffen lassen.

Von der technischen Seite her scheinen heute nahezu alle Modellbahnprobleme gelöst. Das sichere, seidenweiche Fahren der moderner Lokomotiven lässt sich mit dem Stottern früherer Bahnen nicht vergleichen, auch Dank der Digitaltechnik.

Diese beschert problemlosen Mehrzugverkehr und Steuerungsmöglichkeiten ohne großen Verdrahtungswirrwarr. Zudem fasziniert sie mit einem hohem Spielwert durch Sonderfunktionen wie schaltbare Beleuchtungen und Geräusche. Dies wiederum erleichtert den Einstieg ins Modellbahnwesen ungemein.

Selbstverständlich werden auch die neuesten Trends im Modellbau beleuchtet und aktuelle Entwicklungen vor allem in der digitalen Modellbahnsteuerung vorgestellt.

Damit möchte dieses Buch Einsteigern, aber auch Fortgeschrittenen Helfer, Inspiration und Ratgeber sein und dazu beitragen, dass die Freude am Hobby Modelleisenbahn weiter wächst.

Das Autorenteam wünscht Ihnen, liebe Leser, deshalb viel Freude bei der Lektüre sowie anregende Bastelstunden danach.

Köln und Wuppertal, im August 2008

Dirk Rohde
Markus Tiedtke

Inhalt

Vorwort	5
Modellbahnszenen	8

1. Modellbahnen planen — 16

Die Grundlagen	18
Die Nenngröße	18
Spurweiten bei der Bahn	21
Die Epochenwahl	22
Die Systemwahl	23
Anlagenthemen	24
Ländliche Idylle oder Industrie	25
Vom Gebirge zur Küste	25
Bahnbetriebswerke	28
Bahnhöfe	32
Güterbahnhof: Ort zum Rangieren	36
Ost-West-Anlagen	40
Jahreszeiten	40
Auslandsanlagen	42
Anlagenarten	44
Anlagen planen	50

2. Bau der Anlage — 54

Material-Auswahl	56
Verbindungen von Anlagen	60
Abstellmöglichkeiten	62
Elektrik und Beleuchtung	64

3. Rund ums Gleis — 66

Material und Gestaltung	68
Antriebe und Schaltungen	78
Brücken und Tunnel	80
Signale	86
Fahrleitung	92

4. Ausgestaltung — 96

Landschaft und Begrünung	98
Wasser	108
Wege und Straßen	110
Gebäude und Siedlungen	114
Kulissen	126

5. Anlagenbetrieb — 128

Das Spiel mit der Bahn	130
Digitale und analoge Steuerungen	136
Digitalsysteme	136
Analogbetrieb	144
Fahrzeuge und Technik	146
Fahrzeugwartung	158

Modellbahnszenen

Einleitung

Die einst bei der Deutschen Bundesbahn moderne E 40 (H0-Modell von Märklin) zieht einen Tankwagenzug und hat daher auch im Modell vorbildgerecht nur den vorderen Pantografen an die Oberleitung angelegt.

Modellbahnszenen

Die Einfahrt zum Bahnhof Ottbergen wird im Vorfeld durch diese ungewöhnliche Signalbrücke (Ho-Eigenbau) bei Rangierfahrten auf dem Gegengleis gesichert.

Brücken sind eines der beliebtesten Modellbahnmotive. Die Schweizer Bietschtal-Brücke (N-Eigenbau) überspannt ein tiefes Tal.

Auf der Ostseeinsel Rügen setzt sich die Schmalspurstrecke von Bergen nach Altefähr mithilfe einer Fähre bei Wittow über einen Ostseebodden fort. Im Modell (Hoe-Eigenbau) eine willkommene betriebliche Abwechslung durch zusätzlichen Rangierspaß.

Einleitung

Die Villa Hügel (links, Ho-Eigenbau) thront auch im Modell mächtig über der Ruhr und ist somit Sinnbild für die einstige Macht der „Stahlbarone".

Bild ganz unten:
Bei Modellstädten (Ho-Eigenbau) genügt die Fortsetzung der Häuserzeilen durch einen angedeuteten Hintergrund, um Großstadtflair zu erzielen.

Wenig frequentierte Nebenbahnen haben oft nur einfache Bahnhofsbauten (o-Eigenbau). Sie verkörpern die vielgepriesene Nebenbahnromantik.

Modellbahnszenen

Modellbahnanlagen mit Szenen rund um die Montanindustrie warten mit beeindruckenden Bauten auf, so der Hochofen (rechts, Ho-Modell von Trix) mit zugehöriger Erzbrücke (Eigenbau) und Schlackenbeet (unten rechts, Eigenbau), dessen Schlacke vor allem in der Dunkelheit glüht. In der Konverterhalle (unten, Ho-Modell von Trix) wird Stahl bei Hitze und gleißendem Licht erzeugt.

Eine Kokerei wird zum Erzeugen von Koks benötigt, der wiederum im Hochofenprozess zur Eisengewinnung nötig ist. Aus dem Reihenofen (verfeinertes Ho-Modell von Trix) wird von hinten der glühende Koks in einen Transportwagen (Eigenbau) gedrückt.

Alte Farbrikhallen (O-Eigenbau) haben mit ihrem veralteten Maschinenpark ihr ganz eigenes Flair, vor allem bei entsprechender Ausleuchtung.

Einleitung

Markant hebt sich der Förderturm der Zeche Zollverein (H0-Modell von Trix) von seiner Umgebung ab.

Modellbahnszenen

Die ostdeutsche Landwirtschaft war in Form einer LPG (Ho-Modelle von Busch) hochgradig industrialisiert.

Der abgewandelte Hof (Ho-Modell von Faller) spiegelt die ländlichen 1920er-Jahre wider.

Amerikanische Waldbahnen (Hom) faszinieren durch ihre Technik und ungewöhnliche Loks.

Während noch rasch Honeckerportraits entsorgt werden, rollt der neue Westeigner im Auto an – Wendesituationen auf einem H0-Diorama von Busch.

Im Eigenbau mit anspruchsvollen Materialien entstehen solche vielschichtigen Szenen aus dem Landleben der 1960er-Jahre im Maßstab 1:87.

1. Modellbahnen planen

Damit eine Anlage am Ende perfekt gestaltet ist und der Betrieb störungsfrei läuft, ist eine gute Vorplanung unabdingbar.

Das Ziel eines jeden Modellbahners ist es wohl, irgendwann seine Züge auf der eigenen Anlage zu fahren. Sammler, die ihre Modelle ausschließlich in Vitrinen bewundern, sind meist Hobbyfreunde, die aus verschiedensten Gründen wie Platz- und Zeitnot oder Mangel an handwerklichem Geschick ihre Hobbytätigkeit nicht mit dem Anlagenbau krönen. Vielleicht wird's aber doch irgendwann einmal etwas aus einer Anlage. Betrachten wir jetzt den Modellbahner, der sich ernsthaft mit dem Bau einer Anlage befasst. Einfach drauflos wursteln ist wenig vernünftig, denn ohne Vorüberlegungen und Planung bleibt man irgendwann einmal stecken; der teure Torso steht herum und bereitet dann nur Ärger. Also: vorher überlegen, was man will und kann und wofür Platz vorhanden ist.

1 Die Grundlagen

Kleinere Nenngrößen, etwa N, erlauben recht viel Fahrbetrieb auf geringer Fläche. Zudem bleibt ausreichend Raum für die Landschaftsgestaltung.

Die Nenngröße

Von der Beantwortung der Frage, wie viel Platz die künftige Modellbahnanlage einnehmen kann, hängt weitgehend die Wahl des Baumaßstabes ab. Hinzu kommen auch die Wünsche des Anlagenbauers bezüglich Streckenlängen und Betrieb. Wer wenig Platz zur Verfügung hat, aber trotzdem viel Betrieb mit seinen Miniaturzügen machen möchte, ist mit einer kleinen Nenngröße wie N (1:160) oder Z (1:220) gut bedient.

Modellbahner, die Wert auf einen hohen Detaillierungsgrad bei guter „Handlichkeit" der Modelle legen und etwas mehr als eine Zimmerecke erübrigen können, werden das riesiges Angebot an Rollmaterial und Zubehör bei der Baugröße H0 zu schätzen wissen.

Eine Nenngröße, die einen fast optimalen Kompromiss zwischen Detaillierung und Platzökonomie darstellt, ist TT (Table Top, 1:120). TT war in der ehemaligen DDR gut verbreitet und hat nach der Wende zunehmend Freunde in ganz Deutschland gefunden.

Die Nenngrößen 0 (1:45), I (1:32) und II (1:22,5) können heute mit einer absolut vorbild- und maßstabgerechten Detaillierung aufwarten. Auch die Größen der Nachbildungen entsprechen mehr

Angewandte Nenngrößen

Nenngröße	Maßstab	Spurweite	Spurart	Spurweite Vorbild
II	M 1:22,5	64 mm	Regelspur	1435 mm
IIm	M 1:22,5	45 mm	Schmalspur	1000 mm
IIe	M 1:22,5	32 mm	Schmalspur	750 mm
IIf	M 1:22,5	22,5 mm	Feldbahn	500 - 600 mm
I	M 1:32	45 mm	Regelspur	1435 mm
Im	M 1:32	32 mm	Schmalspur	1000 mm
Ie	M 1:32	22 mm	Schmalspur	750 mm
o	M 1:45	32 mm	Regelspur	1435 mm
om	M 1:45	22 mm	Schmalspur	1000 mm
oe	M 1:45	16,5 mm	Schmalspur	750 mm
of	M 1:45	12 mm	Feldbahn	500 - 600 mm
Ho	M 1:87	16,5 mm	Regelspur	1435 mm
Hom	M 1:87	12 mm	Schmalspur	1000 mm
Hoe	M 1:87	9 mm	Schmalspur	750 mm
Hof	M 1:87	7 mm	Feldbahn	600 mm
Hof	M 1:87	6,5 mm	Feldbahn	ca. 500 mm
TT	M 1:120	12 mm	Regelspur	1435 mm
TTm	M 1:120	9 mm	Schmalspur	1000 mm
TTe	M 1:120	6,5 mm	Schmalspur	750 mm
TTf	M 1:120	5,5 mm	Feldbahn	500 - 600 mm
N	M 1:160	9 mm	Regelspur	1435 mm
Nm	M 1:160	6,5 mm	Schmalspur	1000 mm
Z	M 1:220	6,5 mm	Regelspur	1435 mm
Zm	M 1:220	4,5 mm	Schmalspur	1000 mm
Zf	M 1:220	2,75 mm	Feldbahn	500 - 600 mm

Eine extreme Detailtreue erlaubt die Königsspur 1, benötigt aber entsprechend Raum.

Modellbahnen planen

denen von Museumsmodellen. Für Anlagen in geschlossenen Räumen eignen sich diese Nenngrößen jedoch kaum, da sie einen enormen Platzanspruch für sich beanspruchen, es sei denn, man begnügt sich mit engen Radien und steilen Weichenwinkeln bei den Anlagengleisen.

1 – Immer beliebt

Modelle im Maßstab 1:32 mit einer Spurweite von 45 mm haben ein imposantes Erscheinungsbild und wirken schon fast wie Museumsstücke. Erst auf den zweiten Blick erkennt man auch die Spielmöglichkeiten auf großen Clubanlagen.
Die Modelle teilen sich im Wesentlichen in exklusive Kleinstserienprodukte und Serienloks von Märklin sowie für etwas anspruchsvollere Modellbahner KM1. Vor allem die möglichen Sound- und Technikeffekte dieser Nenngröße faszinieren.

0 – Zwei Maßstäbe

Die Nenngröße 0 beansprucht mit ihrem Maßstab 1:43,5 bzw. 1:45 erheblich mehr Platz. Die Spurweite beträgt bei diesem Maßstab 32 mm.
Die vor dem Zweiten Weltkrieg übliche Verkleinerung von 1:43,5 gilt bei vielen Kleinserienherstellern auch heute noch als rechtes Maß, obgleich die Berechnung Vorbildspurweite (1435 mm) geteilt durch Modellspurweite (32 mm) einen Wert von rund 45 ergibt. Die Verfechter des Maßstabes 1:43,5 berufen sich auf die Tradition und schätzen das geringfügig „wuchtigere" Erscheinungsbild ihrer Modelle, während die 0-Verfechter des Maßstabes 1:45 jede Abweichung in Bezug zur Spurweite verurteilen.
Eine Renaissance erlebt die Spur 0 vor allem durch das Engagement des Herstellers Lenz, welcher beliebte Lok- und Wagenmodelle, wie die V 100 oder Donnerbüchsen, aber auch Gebäude, in Serienfertigung auflegt und damit diese Spurweite wieder salonfähig macht.

H0 – Spur der Mehrheit

Den mit Abstand größten Marktanteil hat bei den Modellbahnen die Nenngröße H0 (bitte „Ha Null" aussprechen!). Die in der Frühzeit der Modelleisenbahnen als „Tischbahn" bezeichnete Größe verweist auf einen großen Vorteil: Reger Bahnbetrieb mit langen Paradestrecken lässt sich bereits auf vertretbaren Anlagengrößen verwirklichen. Und das Detaillierungsniveau der Fahrzeuge und des Zubehörs ist heute sehr beachtlich. Das Angebot an Lokomotiven, Wagen, Modellhäusern, Zurüstteilen und Elementen zur Landschaftsgestaltung ist wahrhaft gigantisch, technische Probleme von Fahrzeugen hinsichtlich Stromaufnahme etc. sind nicht mehr existent.
In der Nenngröße H0 gibt es zur maßstäblichen Darstellung der Schmalspurbahnen die Spurgrößen H0m (m = Meterspur) und H0e (e = eng). In diesen Spurweiten ist das Angebot an Rollmaterial verständlicherweise begrenzt, allerdings engagieren sich dort zunehmend auch wieder Großserienhersteller wie Roco. Alles weitere, was zur Anlagengestaltung gehört, ist ohnehin Nenngröße H0 und damit in Überfülle vorhanden. Die „Schmalen" sind natürlich das beliebte Thema von Spezialisten, die sich mit Vorliebe mit ihren besonderen Strecken beschäftigen. Dazu an anderer Stelle mehr.

Ab Nenngröße H0 aufwärts (hier Nenngröße 0) lassen sich filigrane Details nicht nur an Loks, sondern auch an Maschinen und Figuren sehr gut nachbilden.

Typische Nenngrößen in Grossbritannien

Baugröße	Maßstab	Spurweite	Spurart	Spurweite Vorbild
0	M 1:43,5	32 mm	Regelspur	1435 mm
00 (Standard)	M 1:76	16,5 mm	Regelspur	1435 mm
00 (Scale EM)	M 1:76,2	18,3 mm	Regelspur	1435 mm
00 (Scale Four)	M 1:76,2	18,83 mm	Regelspur	1435 mm
009	M 1:76	9 mm	Schmalspur	609,6 mm (2')
TT	M 1:102	12 mm	Regelspur	1435 mm
N	M 1:148	9 mm	Regelspur	1435 mm
N (Fine Scale)	M 1:152,4	9,42 mm	Regelspur	1435 mm

Typische Nenngrößen in den USA

Baugröße	Maßstab	Spurweite	Spurart	Spurweite Vorbild
S	M 1:64	22 mm	Regelspur	1435 mm
Sn3	M 1:64	14,6 mm	Schmalspur	914,4 mm (3')
0n3	M 1:48	19,5 mm	Schmalspur	914,4 mm (3')
0n2	M 1:48	13 mm	Schmalspur	609,6 mm (2')
H0n3	M 1:87	10,5 mm	Schmalspur	914,4 mm (3')
H0n2	M 1:87	9 mm	Schmalspur	762 mm (2')
H0n2	M 1:87	7,2 mm	Schmalspur	609,6 mm (2')
Nn3	M 1:160	6,5 mm	Schmalspur	914,4 mm (3')

1 Die Grundlagen

Heute überzeugt TT als Spur der Mitte neben dem günstigen Platzbedarf auch durch eine hohe Filigranität und stetig wachsende Fahrzeug- und Gebäudevielfalt.

Vor allem in Westdeutschland waren N-Anlagen lange die Lösung der Wahl, um bei wenig Platz attraktiven Fahrbetrieb zu ermöglichen. Kleine Abstriche in der Detailtreue müssen jedoch hingenommen werden.

Die Nenngröße Z hat ihren ganz eigenen Reiz und erlaubt wegen des geringen Maßstabs auch den Aufbau von Anlagen in Koffern oder ausrangierten TV-Geräten.

TT – Das Idealmaß

Die Hersteller nennen ihre Spur die „Goldene Mitte". Anlagen in TT erfordern etwa ein Drittel weniger Platz als vergleichbare H0-Pendants. In den Detaillierungsmöglichkeiten kann diese Spurweite inzwischen sehr gut mit H0 mithalten. Und auch in Bezug auf die Fahreigenschaften sind bei den heutigen Fahrzeugmodellen kaum Abstriche gegenüber H0 zu machen.

Das ursprünglich recht schwache Angebot – TT war eine klassische Spurweite der ehemaligen DDR – wächst jährlich in beachtlichen Schritten. Heute sind mittlerweile einige wichtige DB-Fahrzeug-Modelle verfügbar. Neben einigen traditionellen Großserienherstellern sind es vor allem die Kleinen, die mit neuen Technologien rentable Produktionen aufbauen. Das gilt sowohl für die Fahrzeuge wie für das Zubehörangebot.

N – Wenig Platzbedarf

Neben H0, aber mit deutlichem Abstand, hat die Nenngröße N wohl die meisten Freunde in der Modellbahnerwelt. Schon Plattenanlagen mit der bescheidenen Größe von einem Quadratmeter lassen lebhaften Betrieb zu.

Dass sich auch im Maßstab 1:160 hervorragend detaillieren lässt, beweisen die Produkte der einschlägigen Hersteller, wobei sich von selbst versteht, dass bei der Darstellung kleinster Details Grenzen gesetzt sind.

Der schlechte Ruf der Spurgröße N bezüglich Laufeigenschaften dürfte schon seit einiger Zeit der Vergangenheit angehören, denn sowohl Motoren wie auch Digitaldecoder sind heute in passenden Größen verfügbar. Das Angebot an Rollmaterial kann, da sich eine Reihe Hersteller dieser Nenngröße (neu) annehmen, durchaus überzeugen. Weniger gut ist das etwas eingeschränkte Angebot auf dem Zubehörsektor. Bei den Straßenfahrzeugen setzt sich dies in stärkerem Maße, insbesondere bei den früheren Epochen, fort. Das reichliche Ausstattungszubehör von H0 schließlich sucht man in N – bis auf wenige und teure Kleinserienprodukte – vergebens.

Z – Philosophie

Ein Exot unter den Nenngrößen ist Z. Der Platzbedarf ist extrem gering. An die Aktenkoffer-Anlage wird man sich sicher noch erinnern, denn sie ist heute noch käuflich zu haben. Der Freund feiner Detaillierung wird maßstabsbedingt deutliche Abstriche bei Z-Modellen machen; wobei sich einige Kleinserienhersteller mit Erfolg um Details in kaum geahnter Feinheit bemühen. Im Verhältnis zur Winzigkeit der Modelle können sich die Fahreigenschaften in Spur Z durchaus sehen lassen, vor allem, wenn man bedenkt, dass schon ein Staubkorn auf der Schiene wie ein Felsblock wirken kann. Einziger Großserienhersteller ist Märklin.

Modellbahnen planen

Spurweiten bei der Bahn

Woher kommen eigentlich die alles bestimmenden Maße der Modellgleise und warum sind sie so krumm? Für H0 beträgt die Distanz von einer Schiene zur anderen 16,5 mm. Viel einfacher wäre doch eine Breite von 15 mm. Der Ursprung ist auch hier in England zu suchen. Die Kutschen und Wagen durften dort nur eine Spurbreite von 4 Fuß und 8,5 Zoll haben, das entspricht exakt 1435 mm. Dieses Maß wurde auch für die britische Eisenbahn verordnet und später von fast allen europäischen Bahngesellschaften in der Gründungsphase übernommen, weil die meisten Bahnen mit britischem Rollmaterial begannen. Gleise mit diesem Schienenabstand werden als Regelspur bezeichnet und waren daher der Ausgangspunkt für alle Gleise in den verschiedenen Maßstäben der Modelleisenbahnen.

Beim Vorbild gibt es aber nicht nur Bahnen mit Regelspurgleisen, sondern auch die Schmalspur und vereinzelt die Breitspur. Die Schmalspur umfasst verschiedene Gleisbreiten, angefangen von der Meterspur mit 1000 mm über Gleise mit einem Schienenabstand von 750 mm bis zu den Feldbahnen, deren Gleisbreiten von 500 bis 600 mm variieren können.

Schmale Spuren

Das bauliche Umfeld am Rand einer Schmalspurstrecke entspricht dem einer Normalspurbahn. Fabrikanschlüsse, Umschlagplätze wie Laderampen oder Bockkräne sind genauso anzutreffen wie kleine Haltepunkte oder Bahnhöfe mit befestigten Bahnsteigen.

Besonders reizvoll sind Ortsdurchfahrten oder die parallele Streckenführung neben einer Autostraße.

Auch das Umladen von Regelspurwaggons auf Rollböcke oder -wagen stellt ein exklusives Rangiervergnügen dar, welches nur im Zusammenhang mit einer Schmalspur- und Normalspur-Modellbahnanlage erlebbar ist.

Die Streckenführung einer Schmalspurbahn ist leichter im Modell wiederzugeben als die einer Regelspurbahn. Es gibt deutlich engere Kurven, auch die Weichen haben keine extrem schlanken Abgänge. Lokomotiven und Waggons sind in ihren Abmaßen deutlich kleiner. Der Platzbedarf für die Gleise in H0m ist in etwa so hoch wie bei TT, in H0e dagegen wie in der Nenngröße N.

In jeder Nenngröße übt die Darstellung einer Schmalspurbahn einen besonderen Reiz aus. Sie ist markant für die Epochen II und III. Aber auch heute sind Schmalspurbahnen beim Vorbild vereinzelt noch in Betrieb.

Schmalspurbahnen erlauben wegen ihres geringeren Platzbedarfs Betrieb auf kleinerem Raum, so benötigt beispielsweise eine H0-Anlage das Platzniveau einer N-Anlage.

Schmalspurromantik in der Nenngröße 0. Die Detaillierung der Fahrzeuge und Landschaft lässt in diesem Maßstab (1:45) keine Wünsche offen.

1 Die Grundlagen

Zu einer stimmigen Anlage (hier Spur 0) gehören auch epochengerechte Straßenfahrzeuge.

Epocheneinteilung

Epoche 1

1a	1835 - 1856	Erste Strecken, Gründung von Privatbahnen, Bahnfahrzeuge nach englischen Vorbildern
1b	1856 - 1871	Erste Langstreckenverbindungen, Entstehung des Deutschen Reichs, Entwicklung deutscher Fahrzeuge
1c	1871 - 1900	Aufbau der Länderbahnen, Bau neuer, gewaltiger Bahnhöfe und eines dichten Schienennetzes
1d	1900 - 1914	Luxuriöse Schnellzüge mit internationalem Lauf, weiterer Bahnstreckenbau unter Berücksichtigung militärischer Gesichtspunkte, erste Elloks
1e	1914 - 1920	Erster Weltkrieg: Kriegsloks, gewaltige Truppen- und Materialtransporte, Eisenbahngeschütze, Kriegsreparation

Epoche 2

2a	1920 - 1924	Gründung der DRG, Ende der Länderbahn, Fahrzeugumnummerierung
2b	1924 - 1939	Einheitsloks und -wagen, Stromlinienloks und Schnelltriebwagen, 1938 wird aus der DRG die DR
2c	1939 - 1945	Zweiter Weltkrieg: Truppentransporte, Kriegsloks, KZ-Transporte, gewaltige Zerstörungen durch Luftangriffe
2d	1945 - 1948	Provisorischer Wiederaufbau, Demontagen in Ost, Flüchtlingstransporte, Besatzungszonen

Epoche 3

3a	1949 - 1956	Gründung zweier deutscher Staaten mit DR (DDR) und DB (BRD), Aufbaujahre, Fahrzeug-Neuentwicklungen, Neuaufbau des Reisezugverkehrs
3b	1956 - 1969	Abschaffung der 3. Klasse, Neubau-, Umbau- und Rekowagen, Bau von Elloks und Dieselloks, ab 1957 TEE-Züge

Epoche 4

4a	1969 - 1976	Computerbeschriftung, Farbexperimente (Popfarben), Aussterben der Dampfloks im Westen
4b	1976 - 1987	InterCity-System, ozeanblau-beige Farbgebung im Westen
4c	1987 - 1990	Neurot, ICE-System mit Neubaustrecken, InterRegio, Museumsdampf im Westen, Plandampf im Osten

Epoche 5

5a	1990 - 1994	Deutsche Wiedervereinigung, DB-DR-Fahrzeugaustausch, Modernisierungswelle im Osten
5b	1994 - 2006	Gründung der DB AG, Zergliederung der gesamten Bahn in private Teilunternehmen, Privatbahnen

Epoche 6

6	2006 - heute	Europäisches internationales Hochgeschwindigkeitsnetz

Die Epochenwahl

Jede Modellbahnanlage sollte möglichst in allen Details stimmig gehalten werden. Dazu gehört auch ihre Ansiedlung in einem fest umrissenen Zeitraum. Deshalb sollte man sich schon während der Planung auf eine bestimmte Epoche festlegen. Das Verkehrsmittel Eisenbahn ist im Vergleich zur Entwicklung der menschlichen Reisekultur eine ausgesprochen junge Erfindung. Niemals zuvor hat das Reisen zu Fuß, mit Pferd oder zu Wasser die Gewohnheiten der Menschen so verändert wie das maschinelle Reisen. Mit den ersten Eisenbahnen erkannte man, dass die seit Jahrtausenden fast unverändert gebliebene Reisegeschwindigkeit plötzlich deutlich steigerbar war, weit entfernte Orte rückten spürbar näher und der Massentransport über Land war wirtschaftlicher als die Reise mit der Postkutsche. Das maschinelle Reisen beruht natürlich auf einer vom Mensch erfundenen Technik und unterliegt seitdem einer steten technischen Weiterentwicklung.

Die technische Faszination des Vorbilds übt auch das kleine Modell aus. War früher die Modellbahn eher ein Spielzeug für Groß und Klein, hat sie sich heute zu einem hochwertigen Spielzeug mit möglichst authentischer Wiedergabe ihrer Vorbilder entwickelt. Auch die Einstellung zur Anlagengestaltung hat sich geändert. Statt vieler Spielkreise soll es heute ein möglichst authentisches Bahnumfeld sein, so wie man es zu einer bestimmten Zeit antreffen konnte – natürlich mit den dazugehörenden Fahrzeugen.

Im Laufe der fast 170-jährigen Entwicklung hat sich bei der Eisenbahn viel getan. Ähnlich wie beim gesellschaftlichen Geschichtsdenken unterteilt man auch die Bahngeschichte in unterschiedliche Epochen, damit man einen besseren Überblick behält. Jedem Zeitabschnitt kann man dann auch ein gesellschaftliches Umfeld zuordnen, was für eine vorbildgerechte Anlagengestaltung sehr wichtig ist. Damit man jedoch die Epochen nicht willkürlich einteilt, hat sich der Verband der Modelleisenbahner und Eisenbahnfreunde Europas, MOROP genannt, schon vor Jahren zu einer Normung entschlossen, die heute Allgemeingültigkeit erlangt hat. Hier wird die Eisenbahnentwicklung in sechs große Blöcke unterteilt, die wiederum Zwischenkapitel erhalten haben. Die Modellbahnhersteller haben sich seit einiger Zeit dieser Normung angeschlossen und ordnen ihre Modelle in den Katalogen den entsprechenden Epochen zu, so das der geneigte Käufer rasch erkennen kann, ob dass Fahrzeug seiner Zeitschiene entspricht – und die Industrie kann ihre teureren Modellentwicklungen durch Varianten anderer Epochen rentabel halten. Fahrzeugsammler können dadurch in ihren Vitrinen die Fahrzeugentwicklungen auf deutschem Boden dokumentieren.

Modellbahnen planen

Die Systemwahl

Wer heute in das Hobby Modellbahn einsteigt, muss sich prinzipiell zwischen zwei elektrischen Systemen entscheiden: Digital oder Analog.

Digital ist das neuere und erlaubt aufgrund seiner Technik die unkomplizierte Steuerung mehrerer Züge gleichzeitig ohne besonderen Verdrahtungs- und Schaltungsaufwand. Die Fahrbefehle erhalten alle Loks gleichzeitig. Ein im Fahrzeug integrierter Baustein, der Decoder, entscheidet, ob diese für ihn bestimmt sind oder nicht. Weitere Argumente pro Digital sind die zusätzlichen Spielfunktionen wie Geräusche und zuschaltbare Beleuchtungen. Nachteilig am Digitalbetrieb sind die vergleichsweise hohen Investitionskosten in die Steuerzentrale und den Lokdecoder. Kostengünstige Startpackungen erleichtern jedoch den Einstieg.

Analog ist das traditionellere System auf der Modellbahn und wird heute vor allem von älteren Modellbahnern bevorzugt. Dafür spricht der im Normalfall niedrigere Lokpreis, dagegen der höhere Aufwand an Verkabelung und Schaltung für einen Mehrzugbetrieb.

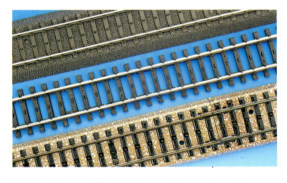

In der Nenngröße H0 gibt es eine weitere Systemfrage: Märklin-Dreileiter- oder Gleichstrom-Zweileiter-Gleise? Historisch betrachtet bot und bietet das Märklin-System mit seinem Mittelleiter-Gleis den großen Vorteil, dass alle Gleisfiguren kurzschlussfrei aufgebaut werden können. Da zudem die Basis zur Stromaufnahme größer ist, hier stehen alle Radsätze einerseits und ein Schleifer für die Mitte andererseits zur Verfügung, ist das System verschmutzungsunempfindlicher. Nachteilig ist natürlich die vorbildwidersprechende Gleisausrüstung mit den Kontakten für den Mittelleiter auf den Schwellen.

Das Gleichstromsystem ist das Betriebssystem der restlichen Modellbahn-Spurweiten: Eine Schiene ist positiv, die andere negativ geladen und über die Radsätze gelangt der Strom zum Motor. Zum Richtungswechsel werden die Gleise umgepolt. Beim Aufbau bestimmter Gleisfiguren, etwa Wendeschleifen, kann es zum Kurzschluss kommen. Um dies zu vermeiden, ist zusätzlicher Verdrahtungsaufwand nötig.

Informationen zum Thema finden sich im Kapitel 5.

Goldene Regeln

1. Der Maßstab 1:87 ist am weitesten verbreitet und bietet mit Abstand die größte Auswahl.
2. Mit zunehmendem Alter sind kleinere Nenngrößen schwieriger zu Handhaben.
3. Die Epoche III hat das größte Fahrzeug- und Zubehörangebot, gefolgt von der Epoche V.
4. Das System Märklin ist deutlich marktführend, aber das vielschichtigere Angebot gibt es für Gleichstrombahnen.
5. Der Digitalbetrieb bietet deutlich mehr Spielmöglichkeiten bei einfacherer Elektrik und das Angebot wird kontinuierlich ausgebaut.

Der Digitalbetrieb erlaubt in allen Nenngrößen neben unabhängigen Lokfahrten im selben Gleis zusätzliche Funktionen wie schaltbares Licht, Dampf- und Geräuschgeneratoren.

Gleise für das Märklin-System weisen immer charakteristische Punktkontakte auf den Schwellen auf (von oben: C-, K- und M-Gleis von Märklin).

Gleisbettgestaltungen exakt nach Vorbild erlauben nur Zweileiter-Gleise (Roco-Line-Gleis).

MOROP Internetseite
Der Verband europäischer Modelleisenbahner hat es sich zur Aufgabe gemacht, zahlreiche Entwicklungen im Modellbahnbereich zu vereinheitlichen und in Normen zu fassen. Diese können im Internet unter http://www.morop.org/de/normes/index.html abgerufen werden.

1 Anlagenthemen

Anlagen mit ländlichen Themen bilden oft Nebenbahnen nach und besitzen daher meist einfache Gleisanlagen, bieten naturgemäß aber reichlich Platz für die Landschaftsgestaltung.

Stehen Industriethemen im Vordergrund, erlauben die Gleisanlagen dagegen viele Rangiermanöver. Der reine Fahrbetrieb tritt dann in den Hintergrund.

Modellbahnthemen fallen in der Regel nicht vom Himmel. Oft sind es Erinnerungen an Vorbilder, die man in der zu planenden Modellbahnanlage realisieren möchte – ein Bahnhof mit interessantem Spurplan zum Beispiel oder ein attraktives Bauwerk. Oder man hat in der Eisenbahnliteratur geblättert und dort ansprechende Vorbildsituationen entdeckt, die demnächst ins Modell umgesetzt werden sollen.

Ein Anlagenkonzept und die Auswahl eines Wunschthemas muss jedem selbst überlassen bleiben. Während der eine seinen Spaß am Spielbetrieb hat und allenfalls gerade noch die notwendigen Häuschen zusammenkleben möchte, wird der andere seinen Anlagenbetrieb auf einer anspruchsvolleren Ebene ansiedeln und vorbildgerechte Züge in einer passenden Umgebung fahren lassen wollen. Wieder ein anderer möchte sich gerne bei der Landschaftsgestaltung austoben und legt weniger Wert auf einen großen Bahnhof oder gar eine Stadt.

Wer nur Freude an Fahrzeugmodellen hat, wünscht sich dagegen nur eine Bühne in Form eines Bahnbetriebswerkes oder Rangierbahnhofes, um seine Schätze zu präsentieren.

Nachfolgend sollen einige wichtige betriebstechnische und bauliche Themen als Grundlage für eine individuelle Anlagenplanung und deren spätere Ausgestaltung präsentiert werden. Wobei die kleineren Vorbildausführungen aufgrund des Nebeneinanders der verschiedenen Betriebsteile für eine Modellbahnanlage die geeignetere Wahl darstellen.

Modellbahnen planen

Ein von vielen Modellbahnern favorisiertes Thema sind auch die schmalspurigen Gebirgsbahnen der Schweiz. Dort lassen sich die Vorzüge schmalspuriger Gleisführung mit anspruchsvollem Fels-, Tunnel- und Brückenbau verbunden.

Erinnerungen an die gute alte Zeit spiegeln sich in Anlagen wie dieser wider, welche Szenen der Rügenschen Kleinbahn der 1960er-Jahre lebendig hält.

Ländliche Idylle oder Industrie

Ländliche Anlagen bieten auf kleinem Raum vor allem längere Fahrstrecken und wegen der Nähe zum Thema Nebenbahn auch kleinere Bahnhöfe. Das Umfeld lässt viel Raum zur Gestaltung von Waldstücken, Wiesen oder kleinen Feldern, welche den ein oder anderen Bauernhof einrahmen.
Völlig konträr dazu ist das Thema Industrie. Werksanlagen mit umfassenden Gleisen und eventuell eigener Werklok verlangen ständig nach neuen Waggons und bieten so eine Menge Rangier- und Spielspaß. Große Paradestrecken findet man auf Industrieanlagen dagegen eher selten.
Ein weiterer Vorteil vieler Industrieanlagen sind die guten Möglichkeiten der Hintergrundgestaltung, die oft mit größeren Gebäuden funktioniert. Der bekannte Modellbauer Rolf Knipper (†) nutzte dies aus und verwandelte einen Fabrikhallen-Eingang in ein Tunnelportal zum Schattenbahnhof. Damit erweitert er die Spiel- und Überraschungsmomente einer Anlage enorm.

Vom Gebirge zur Küste

Ein weiterer wichtiger Aspekt bei der Themenwahl sind die sich ergebenden Möglichkeiten zum Tarnen der Strecken. Auf Mittelgebirgsanlagen mit Tunneln lassen sich Schattenbahnhöfe und Gleiswendeln einfacher kaschieren oder Gleise verschlungen anordnen als beispielsweise bei Anlagen mit Küstenthemen. Dort kann nur ein Waldstück die Bahnlinie glaubhaft verdecken.

Natürlich dürfen kleine Alltagsgeschichten nicht fehlen. Dank des umfassenden Figurensortimentes lassen sie sich vor allem in der Nenngröße H0 sehr gut nachstellen.

1 Anlagenthemen

Bahnbetriebswerke

Die Aufgabe eines Bahnbetriebswerkes besteht vor allem in der Bereitstellung von Fahrzeugen und der Zuordnung des Lokpersonals zum täglichen Dienst mit seinen zahlreichen Spezialaufgaben. Während Dampflokomotiven bei jedem Bahnhofshalt mit neuem Wasser versorgt werden konnten, da am Halteplatz der Lokomotiven Wasserkräne zum Befüllen der Wasserkästen vorhanden waren, nahmen die Kohlevorräte stetig ab. Im Laufplan eines Reisezugs wurde dieser Umstand berücksichtigt, es kam zu einem planmäßigen Loktausch in einem großen Bahnhof, meistens einem Kopfbahnhof, da ohnehin die am Zuganfang laufende Lok zum Zugende hätte umsetzen müssen. Stattdessen setzte sich eine mit Brennstoff versorgte und mit ausgeruhtem Personal besetzte Dampflok an den letzten Wagen, um samt Personenzug den Bahnhof nach Plan zu verlassen. Die zurückgebliebene Lok fuhr nun zum Bahnbetriebswerk, um dort mit neuem Brennstoff und Wasser versorgt zu werden. Gleichzeitig wurde die Rauchkammer gereinigt und der Aschekasten geleert. Später setzte sich die Lok wieder vor einen Personenzug, der jetzt in die Richtung ihres Heimatbahnhofes gefahren werden sollte. So pendeln auch heute die Lokomotiven auf der ihnen zugewiesenen Strecke hin und her, genauso wie das Lokpersonal – die heutigen Maschinen können aber wesentlich längere Strecken ohne technischen Stopp zurücklegen.

Vor diesem Hintergrund ist ein Bahnbetriebswerk, unabhängig von der gewählten Epoche, immer eine gute Möglichkeit zur Präsentation der eigenen Lokomotivsammlung.

Betriebsablauf

Der betriebliche Ablauf in kleinen Bahnbetriebswerken und Lokstationen ist im Prinzip gleich. Selbst in Lokstationen, die nur für eine kleine Dampflok ausgelegt waren, erhielt die Dampflok

Dieselloks und Triebwagen benötigen eine kleine Tankstelle.

Die Drehscheibe ist, unabhängig von ihrer Größe, immer der Blickfang eines Bw.

Greiferkräne verluden während der Wartung des Kohlewiegebunkers die Kohlen direkt auf den Tender einer Dampflokomotive.

Wasser, an der kleinen Bekohlungsanlage mittels Körben oder einem kleinen Förderband Kohle, die meistens der Heizer persönlich auflud und, falls erforderlich, trockenen Sand, der aus dem Heimat-Bw in Säcken verpackt angeliefert und per Eimer in den Loksandkasten umgefüllt wurde.

Der einständige Lokschuppen besaß eine Untersuchungsgrube für die regelmäßige Kontrolle des Fahrzeugs von der Unterseite her. Eine Werkbank nebst den erforderlichen Werkzeugen für kleinere Reparaturen stand an einer Seitenwand.

An der Rückseite vieler Schuppen befand sich im Erdgeschoß der Aufenthaltsraum für das Personal und darüber meistens der für die Wasserversor-

28

gung notwendige Wasserbehälter mit dem Speisewasser für die Dampfloks. Direkt an einigen Lokschuppen, vor allem in Bayern, hatte man auch das Wohnhaus des Lokführers oder des Stationswärters angebaut.

Wie beim Vorbild sollte man auch auf der Modellbahn die Behandlungsanlagen innerhalb eines Bahnbetriebswerkes nach der wirklich nötigen Größe auslegen, nicht aber nach dem persönlichen Geschmack. Ausschlaggebend ist die Anzahl der zu behandelnden Fahrzeuge, nicht die Menge der im Bw beheimateten Lokomotiven.

In wichtigen Durchgangsbahnhöfen, in denen neue Züge zusammengestellt wurden, oder in großen Kopfbahnhöfen wechselten die Lokomotiven. Nach dem Auffrischen der Vorräte gingen die Lokomotiven wieder auf die Reise zurück zu ihrem Heimatbahnhof, allerdings mit einem anderen Zug. Die Wartezeit für den neuen Einsatz verbrachten die Maschinen auf einem separaten Gleis im Bw, niemals jedoch im Lokschuppen, der von den in diesem Bw beheimateten Lokomotiven oder von Gastmaschinen, die längere Zeit im Bw verbringen mussten, besetzt war.

Bekohlung

Die Bekohlungsanlage besaß in jedem großen Bw in der Regel einen mechanischen Bekohlungsbunker. Passende Modelle in Nenngröße H0 gibt es von den Firmen KHK-Modellbau (DR-Bunker), Faller (DB-Bunker) und Vollmer (DRG-, DB-Bunker). Den passenden Bekohlungskran bietet nur Faller an (DB-Kran). Alternativ kann man auch auf Regelspurkräne mit Hochauslegern von Rothe (DR-Bauart) und Weinert (DB-Bauart) zurückgreifen. Die Bunker überbrücken zwei Behandlungsgleise.

Parallel zu den Behandlungsgleisen verlaufen das Kohlezuführgleis und der Kohlebansen. An seiner Länge und Breite sollte nicht gespart werden, denn beim Vorbild mussten die Kohlevorräte bei eventuellen Versorgungsausfällen bis zu zwölf Wochen reichen.

Kleinere Bahnbetriebswerke wie das Bw Ottbergen oder Tübingen, beide bekannte Hochburgen der letzten DB-Dampflokzeit, waren nur mit jeweils zwei ortsfesten Drehkränen ausgestattet, die die Kohle mit beweglichen Hunten auf die Tender verluden. Würde man diese Bahnbetriebswerke mit dem im Vergleich zu Bw der Größenordnung Hamburg Altona, Dresden Altstadt oder Ulm deutlich geringeren Lokaufkommen im Modell umsetzen, kämen dennoch gewaltige Dimensionen zustande. Hier sieht man, dass in der Nachahmung des Vorbilds deutliche Kompromisse notwendig sind. Deshalb sind kleinere Behandlungsanlagen mit Ortsdrehkränen immer glaubwürdiger als große Kohlebunker mit beweglichem Portalkran, dazu aber winzigem Kohlebansen.

Modellbahnen planen

In großen Bahnbetriebswerken standen Bekohlungsbunker, die durch Kräne beladen wurden.

Kleine Drehkräne, die mit Kohle befüllte Hunte zum Loktender hoben, waren fast überall anzutreffen.

In den zwanziger Jahren des 20. Jahrhunderts führte die DRG Schrägaufzüge für die Bekohlung ein.

In den Lokstationen reichten kleine Kohlelager aus. Mit Körben wurde das Brennmaterial umgeladen.

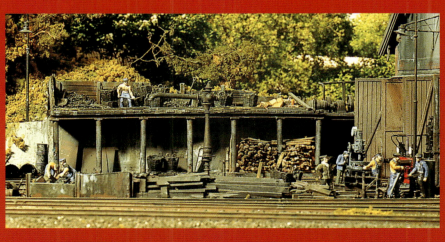

1 Anlagenthemen

Entschlackung

Natürlich leerte beim Vorbild der große Bekohlungskran, der auch den Kohlebunker füllte, den Schlackensumpf. Nur so rentierte sich die teure Anschaffung der Maschinenanlage.

Einen vorbildgerechten zweigleisigen Schlackensumpf bot für H0 und N die Firma Bohemia an. Bei dieser Anlagenart rutschte die aus dem Aschekasten abgelassene, glühende Schlacke über eine Schräge in ein mit Wasser gefülltes tiefes Becken. Einmal am Tag leerte der Kran mit seinem Greifer das Becken und verlud den schlammigen Brei in einen ausgedienten, offenen Güterwagen – eine schmutzignasse Angelegenheit.

In allen anderen Bahnbetriebswerken wurden die Schlackerückstände in Hunte geworfen, die später unter einen Bockkran geschoben und anschließend über einen auf dem Nachbargleis bereitstehenden, ausrangierten offenen Güterwagen gehievt und entleert wurden. In kleinen Lokstationen begnügte man sich sogar mit einfachen Gruben, die man mühevoll per Schaufel in gewissen Abständen leerte.

In kleineren und mittleren Bw erfolgte die Entschlackung in Hunte oder Kanäle mit manueller Entleerung. Schlackesümpfe mit Greiferentleerung gehören dagegen eher zu Groß-Bw.

Eine typische Anordnung für größere Bw zeigt nachstehende Grafik.

Drehscheibe

Fast alle Dampflokomotiven mit Schlepptendern können mit geschobenem Tender nicht so schnell fahren wie vorwärts mit gezogenem Tender. Daher werden sie stets mit der Rauchkammer voraus an den Zug gehängt. Müssen sie ihre Fahrtrichtung ändern, werden sie dafür extra auf einer Drehscheibe gewendet.

Jedes Bahnbetriebswerk mit Dampflokbetrieb erhielt eine Drehscheibe. In sehr großen Bw waren nicht selten zwei oder gar drei Scheiben vorhanden. Gemeinsam mit dem Ringlokschuppen bilden sie den optischen Mittelpunkt eines Bw.

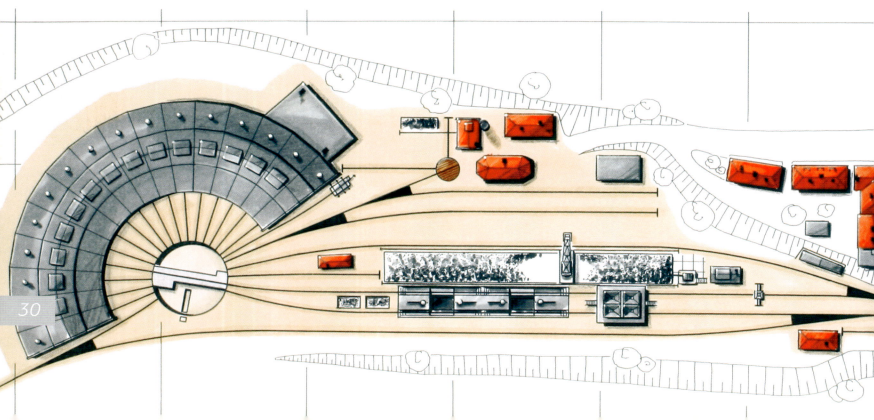

Modellbahnen planen

Lokschuppen

Die klassische Form eines Dampflok-Bahnbetriebswerkes ist der Ringlokschuppen mit Drehscheibe. Bei großen Bahnbetriebswerken zog man der Grundstückspreise wegen den Rechteckschuppen in Teleskopform mit innenliegender Schiebebühne vor. Hier lag die Drehscheibe am Rande des Bw-Geländes.

Auch kleine Bahnbetriebswerke verfügten über Drehscheiben und Ringlokschuppen. In den frühen Tagen der Bahn lagen die damals sehr kurzen Drehscheiben in den runden, auch Rotunde genannten Lokschuppen.

Lokstationen und Bw-Außenstellen sowie fast alle Schmalspurbahnbetriebswerke stattete man mit Rechteckschuppen aus. Hier konnten bei einigen Schuppen bis zu drei Lokomotiven pro Gleis hintereinander abgestellt werden, in der Regel aber nur eine oder zwei Maschinen.

Modernes Bahnbetriebswerk

Heute brauchen die Maschinen nicht mehr gedreht zu werden. Daher werden bei Neubauten ausschließlich rechteckige Hallen errichtet. Eine ausreichend dimensionierte Dieseltankstelle liegt neben der Hallenzufahrt.

Ältere Anlagen hat man in ihrer Grundform belassen. Die Drehscheibe bedient weiterhin den dazugehörenden Ringlokschuppen und hat oft eine Fahrleitungsspinne für den E-Lokbetrieb. Die alten Dampflokbehandlungsanlagen wurden abgebrochen.

Weitere Informationen zum Thema Bahnbetriebswerke finden sich im Buch „Bahnbetriebswerke im Modell", erschienen bei GeraMond im September 2007.

Lokstationen an kleinen Bahnhöfen sind vor allem wegen der kompakten Anlage aller notwendiger Einrichtungen reizvoll. Im Zuge des Traktionswechsels ersetzte die Tankstelle das Kohlelager.

Bw verfügten auch über Behandlungsgruben innerhalb der Lokschuppen, z. B. zum Abölen der Loks.

Rechtecklokschuppen prägten das Bild kleinerer Bahnbetriebswerke.

Ein Blickfang erster Güte auf jeder Modellbahnanlage: die Drehscheibe mit einem Lokrundschuppen.

1 Anlagenthemen

Wegen des vergleichsweise geringen Platzbedarfes und ihrer überschaubaren Gleisanlagen sind Nebenbahnstationen ein beliebtes Motiv vieler Ho-Anlagen.

Rechte Seite:
Große Trennungsbahnhöfe wie Ottbergen mitsamt ihrem städtischen Umfeld sind wegen des enormen Platzbedarfes in Ho die Domäne von Club- oder Ausstellungsanlagen.

Ein kleiner Kopfbahnhof mit zusätzlichem Anschließer erlaubt etliche Rangiermanöver und lässt sich auch unter beengten Verhältnissen in Ho gestalten.

Bahnhöfe

Eines der wichtigsten Anlagenthemen ist der Bahnhof als solcher. Eine sehr allgemeine Definition dessen, was ein Bahnhof ist, erklärt die Fahrdienstvorschrift: „Bahnhöfe sind Bahnanlagen mit mindestens einer Weiche, wo Züge beginnen, enden, kreuzen, überholen oder wenden dürfen."

In der Praxis haben sich eine ganze Menge unterschiedlicher Formen im Laufe der Jahre entwickelt. Man spricht von Personenbahnhöfen, Güterbahnhöfen, Postbahnhöfen, Viehbahnhöfen, Hafenbahnhöfen sowie Werkbahnhöfen – und bei denen mit internen Aufgaben von Abstellbahnhöfen und Verschiebebahnhöfen (Rangierbahnhöfen), die der Zugbildung und Zugbehandlung dienen. Hinzu kommt der Betriebsbahnhof, auf dem Züge kreuzen oder überholen können, ohne dass es Anlagen für den öffentlichen Verkehr, also Bahnsteige, gibt.

Personen-, aber auch Güterbahnhöfe können recht unterschiedliche Formen haben. So kann ein Endbahnhof auch ein Kopfbahnhof sein. Er ist für den Betrachter stets eine reizvolle, rangierintensive Anlage. Beim Kopfbahnhof (allgemein oft auch „Sackbahnhof" genannt) enden die Gleise in der Regel an einem Prellbock vor dem quer stehenden Bahnhofsgebäude. Für die Weiterfahrt ist der Richtungswechsel erforderlich, die Lok muss umsetzen oder durch eine andere ersetzt werden. Ist der Kopfbahnhof in der Länderbahnzeit angesiedelt, können seine Bahnsteiggleise in eine Drehscheibe münden, mit deren Hilfe die Lokomotiven direkt gedreht werden und zum Umsetzen den Zug auf dem Nachbargleis umfahren können.

Auch der Traktionswechsel vom Dampf zum Strom löst nicht das Problem der am Ende des Zuges eingeklemmten Lokomotive. Eine andere Lok muss an das andere Zugende oder es müssen

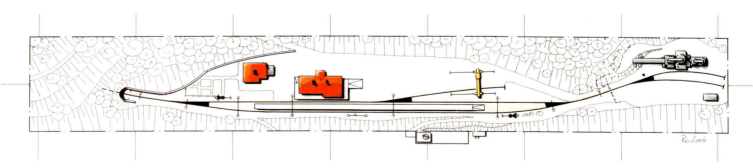

1 Anlagenthemen

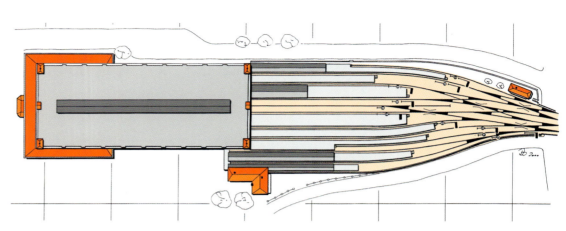

Einer der markantesten Kopfbahnhöfe war neben dem Leipziger Hbf der Anhalter Bahnhof in Berlin (Gleisskizze nebenstehend). Von Märklin gab es ein eindrucksvolles Bausatzmodell in der Nenngröße Z.

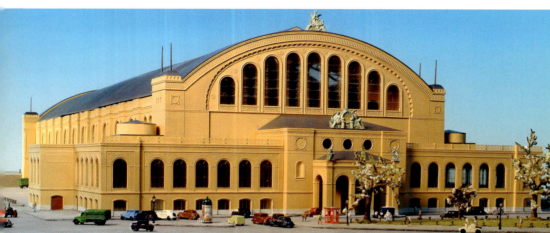

Wendezüge oder Triebwagen eingesetzt werden. Doch die für das Wenden („Kopfmachen" oder auch „Stürzen") des Zuges nötige Aufenthaltszeit einschließlich Wechsel der Führerräume beschränkt die Bahnhofskapazität.

Auf dem Gegenstück, dem Zwischen- oder Durchgangsbahnhof, fahren die Züge durch oder nach kurzem Aufenthalt weiter. Er ist neben dem Kopfbahnhof die andere klassische Form einer Bahnstation. Hier befindet sich das Empfangsgebäude in seitlicher Lage; je nach Verkehrsaufkommen sind davor ein oder mehrere Bahnhofsgleise samt Bahnsteigen angeordnet. Unterschiede gibt es beim Zugang zu den Gleisen: entweder einfache Bohlenübergänge bei kleinen Landbahnhöfen oder

Die Bahnhofsbauten auf Neben- und Schmalspurbahnen fallen oft sehr bescheiden aus.

Eine Nebenbahn-Durchgangsstation mit Viehrampe und Güterschuppen benötigt nicht viele Gleise.

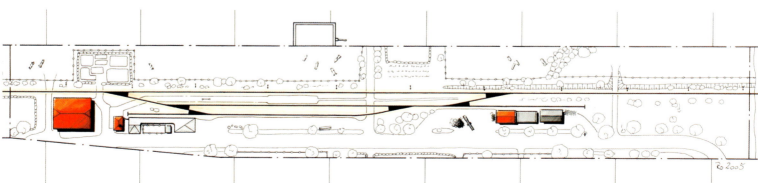

Modellbahnen planen

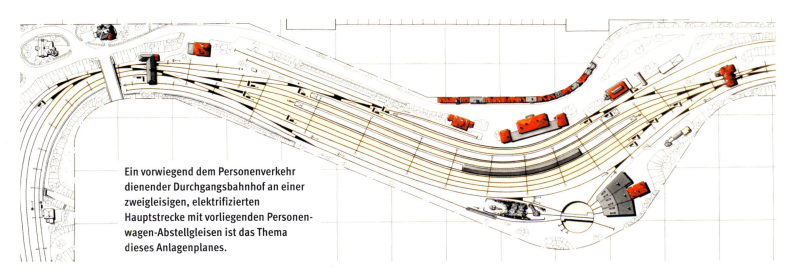

Ein vorwiegend dem Personenverkehr dienender Durchgangsbahnhof an einer zweigleisigen, elektrifizierten Hauptstrecke mit vorliegenden Personenwagen-Abstellgleisen ist das Thema dieses Anlagenplanes.

in stark befahrenen Bahnhöfen aufwendige Unter- oder Überführungen zum sicheren Überqueren der belebten Gleise.

Auf dem Trennungsbahnhof verzweigt eine Strecke in zwei oder gar mehrere nahezu gleichberechtigte Streckenäste. Das Empfangsgebäude hat einen charakteristischen Standort. Es steht meist zwischen den sich gabelnden Strecken (dem „Zwickel"), so dass für diese Bahnhofsform auch die Bezeichnung Keilbahnhof üblich ist. Werden die verzweigten Strecken aber im Bahnhof verbunden, steht das Empfangsgebäude zwischen den Gleisen, in sogenannter „Insellage". Eine Besonderheit des Trennungs- oder Keilbahnhofs ist der Dreiecksbahnhof. Er entsteht dann, wenn die sich trennenden Gleise, in deren Zwickel das Bahnhofsgebäude steht, mit einem Gleisstück gleichsam hinter dem Gebäude miteinander verbunden werden. Das Empfangsgebäude ist allerdings nur durch eine Straßenunterführung zu erreichen.

Beim Kreuzungsbahnhof werden zwei Strecken im Bahnhofsbereich parallel geführt, bei dem für die darauf verkehrenden Züge Austauschmöglichkeiten über Weichenstraßen zwischen den sich kreuzenden Strecken bestehen. Das Empfangsgebäude ist wie beim Durchgangsbahnhof angeordnet.

Der Turmbahnhof ist eine Spezialität des Kreuzungsbahnhofs, denn bei ihm kreuzen die Strecken in unterschiedlichen Ebenen. Kurven, mitunter von erheblicher Länge, können die Strecken verbinden. Für die Reisenden gibt es mitunter verwirrende Zu- und Abgänge, damit man von einem Bahnsteig zu jedem anderen gelangen kann.

Beim klassischen Inselbahnhof liegt das Empfangsgebäude zwischen den Gleisen zweier Strecken, die an beiden Seiten daran vorbeiführen. Auch hier kann es Sonderformen geben. Eine davon ist die Kombination von Inselbahnhof und Kopfbahnhof. Dabei führt ein Teil der Gleise in die in Mittellage befindliche Empfangshalle, während die Durchgangsgleise der Hauptstrecke an den beiden Seiten der Halle vorbeiführen.

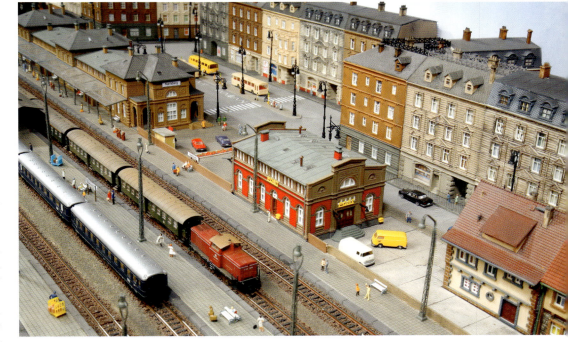

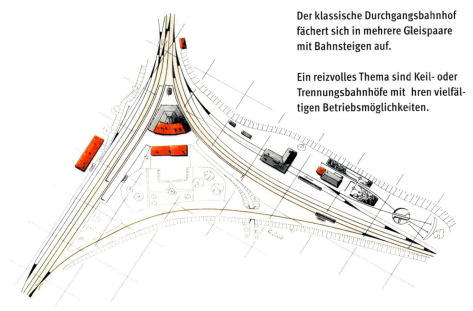

Der klassische Durchgangsbahnhof fächert sich in mehrere Gleispaare mit Bahnsteigen auf.

Ein reizvolles Thema sind Keil- oder Trennungsbahnhöfe mit ihren vielfältigen Betriebsmöglichkeiten.

1 Anlagenthemen

Güterbahnhof: Ort zum Rangieren

Der Rangierbahnhof ist das logistische Zentrum der Eisenbahn. An diesem Ort werden die ankommenden Güterwagen neu geordnet und ihrem zugedachten Bestimmungsort rasch zugeführt.

Jeder Rangierbahnhof hat bei der großen Bahn früher einen Ablaufberg aufweisen können. Auf diesem niedrigen, meistens künstlich angeschütteten Bahndamm, der des Buckels wegen auch „Eselsrücken" genannt wird, werden auch heute noch in großen Güterbahnhöfen Züge zerlegt und nach Zielbahnhöfen sortiert.

Die abgekuppelten Wagen rollen den recht steilen Hang einzeln hinunter, um über eine Gleisharfe in eines der verschiedenen Richtungsgleise zu gelangen, das für sie vorbestimmt ist. Dort werden sie mittels eines Hemmschuhs, den das Rangierpersonal gezielt vor den anrollenden Güterwagen auf das Gleis setzt, abgebremst. Kurz dahinter wird der geschobene Hemmschuh durch eine Auswurfvorrichtung wieder vom Gleis entfernt und die abgebremsten Wagen rollen weiter, um sich zu den anderen Güterwagen zu gesellen. Die so auf einem Gleis nach Zielbahnhöfen einer Strecke sortierten Wagen bilden einen neuen Güterzug.

Unverzichtbarer Bestandteil selbst mittlerer Güterbahnhöfe waren bis in die Epoche IV hinein Ablaufberge. Deren Platzbedarf (unten) ist aber nicht zu unterschätzen.

Diese ungewöhnliche Lösung zur Beobachtung der ausfahrenden Züge und zur eindeutigen Erteilung von Rangiersignalen fand sich seinerzeit in Ottbergen.

Einen Ausschnitt der Ausfahrgruppe des Güterbahnhofes eines Trennungsbahnhofes zeigt diese Skizze.

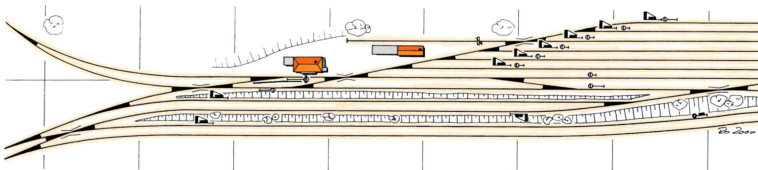

Modellbahnen planen

Der Scheitelpunkt des Ablaufbergs ist beim Vorbild nur selten höher als fünf Meter. Die Anfahrseite ist etwas flacher gehalten als die Ablaufseite. Während auf der einen Seite die Rangierlok den unter Umständen sehr langen Güterzug langsam den Berg hinaufdrückt, werden die Wagen auf dem Scheitelpunkt entkuppelt. Auf dem steilen Ablaufgleis setzen sich durch die Schwerkraft bedingt die einzelnen Wagen von selbst in Bewegung und nehmen stetig an Schwung zu.

Auf der Modellbahn kann man nach dem gleichen Prinzip die Arbeit in einem Rangierbahnhof verrichten. Allerdings muss die Ablaufseite etwas steiler sein als es beim Vorbild nötig ist, da viele Modellgüterwagen nur schwerfällig zu rollen beginnen. Von den Großserienfahrzeugen zeigen die Modelle von Fleischmann die besten Laufeigenschaften. Alle schlecht laufenden Güterwagen werden durch einen Test für den Ablaufbetrieb aussortiert, damit sich keine Probleme bei jenen Wagen ergeben, die zu früh stehen bleiben.

Die Gesamtlänge eines Ablaufberges variiert beim Vorbild vom Beginn der Zufahrt bis zum Scheitelpunkt des Ablaufs zwischen 150 und 300 m. Es gibt aber auch kürzere und längere Berge. Die Modelllänge ergibt sich durch die Höhe des Ablaufbergs. Der Übergang vom Drückgleis auf das Ablaufgleis muss ein sauber vorgebogener und sorgfältig verlegter Gleisbogen sein. Der Buckel darf aber nicht zu heftig ausfallen, da viele Modelllokomotiven mit ihren starren Rahmen hier schnell Kontaktprobleme bekommen können.

Auf der Kuppe befindet sich eine automatische Entkupplungsmöglichkeit, die individuell bedienbar ist. Fast jeder Gleisanbieter hat ein Entkupplungsgleis in seinem Sortiment. Das Spezialgleis kann der eingebauten Mechanik wegen nicht gewölbt werden. Es befindet sich daher entweder am Ende des Drückgleises, das hier noch nicht gebogen ist, oder man setzt es als kurze Gerade direkt auf den Buckel.

Die Richtungsgleise nehmen auf der Modellbahn eine beachtliche Länge ein, vor allem wenn viele Gleise gewünscht werden und sich dadurch eine ausgedehnte Weichenstraße ergibt. Es gab bis in die Epoche IV aber auch Ablaufberge mit nur wenigen Richtungsgleisen. Ablaufberg und Richtungsgleise lagen dann parallel zur Hauptstrecke.

Alternativ kann man durch einen kleinen Trick die Gleisgruppe verkürzen. Beispielsweise können die Richtungsgleise unter einer breiten Brücke enden. Mit einem Spiegel setzt man aber optisch den Rangierbahnhof fort. Die Güterwagen laufen unter der Brücke gegen einen Schaumstoffstreifen, um sanft abgebremst zu werden. Über die gleiche Weichenharfe zieht man später den neu zusammengestellten Güterzug aus dem Richtungsgleis in Richtung Bahnhof, damit er von dort schließlich seine Reise antreten kann.

Entstehung eines Ablaufberges im Rangierbahnhof: Aus Dämmplattenresten wird der Hügel vorgeschnitten und auf der Anlage grob angepasst.

Mit Messer und Raspel erhält der Berg seine entgültige Form. Die Gleisvertiefung nimmt später den Motor des Entkupplungsgleises auf.

Moosgummi dient als Geräuschdämmung der noch aufzuklebenden Gleise. Das Abdrücksignal hat seinen Platz bereits eingenommen.

Funktioniert die Technik, kann das Umfeld eingesandet und farblich vorlackiert werden.

Eine einfache Wärterbude darf nicht fehlen.
Am Ende der Dekoration steht schließlich das Säubern der Gleisoberfläche.

1 Anlagenthemen

Bei Schmalspur- und Nebenbahnen sind Diensträume und Güterabfertigung oft im selben Gebäude (H0-Selbstbau) untergebracht.

Größere Güterschuppen (H0-Modell von Kibri) besitzen oft eine eigene Rampe für Stück- und Expressgüter, die ab Epoche III auch für Rollcontainer genutzt werden.

Je nach Epoche und Güteraufkommen besitzen Ladestraßen Dreh- oder Bockkräne unterschiedlichster Konstruktion (H0-Modell von Spieth).

Warenumschlag am Güterschuppen

Im Umfeld des Rangierbahnhofs befindet sich auch der Güterumschlagplatz. Wirklich große Güterschuppenanlagen mit Kopframpen und mehreren Laderampengleisen sind im Modell nur selten umgesetzt worden. Meistens beschränkt man sich auf kleine Gebäude, wie sie von namhaften Bausatzherstellern angeboten werden. In der Tat hat „Otto-Normal"-Modelleisenbahner auch nicht den Platz für große Anlagen, folglich fällt der Güterumschlagplatz bescheiden aus. Auf kleinen Durchgangsbahnhöfen, in erster Linie auf Nebenstrecken, reicht ein einfacher Holzschuppen mit kleiner Rampe, um die angelieferte Ware vor der Witterung zu schützen, bis der Kunde oder die Bahn das kostbare Gut abgeholt hat.

Unmittelbar an den Güterschuppen schließt sich eine Freiladerampe an. Auf der einen Seite kann von Fuhrwerken oder Lastkraftwagen die Ware von der hohen Wagenladefläche auf gleicher Ebene auf den Rampenboden umgesetzt werden. Auf der anderen Seite der Rampe stehen die Güterwagen, deren Ladeinnenraumböden auch bis Rampenhöhe reichen. Ohne groß heben zu müssen, kann auf diese Weise die Ware mit Bollerkarren oder Hubwagen umgesetzt werden.

Modellbahnen planen

Oft reicht auch die Direktbeladung von Wagen zu Wagen aus. Eine ebenerdige Zufahrt an das Gleis ist schnell geschaffen und zudem preiswert.

Für den Stückgutverkehr gab es den Umladebahnhof mit großen Umladehallen oder in kleineren Bahnhöfen einfacher gehaltenen Anlagen. Sie entstanden dort, wo Sendungen (Reisegepäck, Expressgut, Wagenladungen) von einem Fahrzeug zum anderen umgeladen werden mussten. Dieses konnte auch von der Regelspur- auf eine Schmalspurbahn sein oder von einer Privatbahnstrecke auf eine andere, wie es vor allem in der Länderbahnzeit gang und gäbe war.

Durch zunehmenden Wegfall des Stückgutverkehrs bis 1997 entfielen jedoch die Umladebahnhöfe. Heute werden die großen Terminals des Containertransportsystems bei der Deutschen Bahn als Umschlagbahnhöfe bezeichnet.

Seit Ende der 1990er Jahre gibt es keine Postbahnhöfe mehr, nachdem die Post ihren gesamten Transport auf die Straße umgestellt hat. Bis dato waren Postbahnhöfe ähnlich ausgelegt wie die Umladebahnhöfe des Stückgutverkehrs, nur teilweise viel größer, vor allem in Großstädten. Am Abend fuhren von hier aus unzählige Züge ab oder wurden etliche Postwagen den Nachtzügen beigestellt. Posteigene Rangierloks waren hier keine Seltenheit.

Private Industrieanschließer, etwa ein Baustoffhersteller (N-Selbstbau), erweitern die Betriebsmöglichkeiten eines Güterbahnhofes zusätzlich.

Im ländlichen Raum sorgt ein Sägewerk (H0-Selbstbau) mit Gleisanschluss für reges Güteraufkommen auf Schiene und Straße gleichermaßen.

1 Anlagenthemen

Besondere Anforderungen an die Landschaftsgestaltung stellen Winteranlagen, wenn sie wirklich glaubwürdig im Modell, hier H0, erscheinen sollen.

Rechte Seite:
Die Entscheidung für Reichs- oder Bundesbahnmotive in H0 erfordert neben den entsprechenden Fahrzeugen auch die Beachtung unterschiedlicher Signale, Laternen oder Fahrleitungen.

In den Farben abgestimmte Naturmaterialien schaffen echte Herbstatmosphäre.

Ost-West-Anlagen

Ein weiterer Aspekt bei der Anlagenplanung nach deutschem Vorbild ist die Entscheidung für die Bundes- oder Reichsbahn, also das Vorbild BRD oder DDR. Die Unterschiede gelten für die Epochen III und IV und betreffen nicht nur das einsetzbare Fahrzeugmaterial, sondern aufgrund der unterschiedlichen Entwicklungen in beiden deutschen Staaten auch das Umfeld wie Gebäude, Straßenfahrzeuge und Kultur.
Selbstverständlich lassen sich auch einige Fahrzeuge der jeweils anderen Bahn glaubwürdig grenzüberschreitend einsetzen.

Jahreszeiten

Für die Glaubwürdigkeit einer Anlage ist auch die Einhaltung einer Jahreszeit entscheidend. So nett es auch aussehen mag, Tulpen oder Lupinen als Frühlingsblumen passen nicht zu einem blühenden Mais- oder Sonneblumenfeld. Auch herrschen im Frühjahr eher satte Grüntöne vor, die im Sommer ausbleichen und im Herbst dominieren Braun- und Ockertöne. Hersteller mit professionellen Angeboten im Bereich der Begrünung wie Busch oder Noch/Woodland bieten jahreszeitlich abgestimmte Produkte an.

1 Anlagenthemen

Auslandsanlagen

Deutschland ist weltweit bekannt als ein sehr reisefreudiges Land. Auf vielen mitgebrachten Bildern versucht man seine im Ausland gewonnenen Eindrücke für die Ewigkeit zu konservieren.

Die Schweizer Bergwelt in Groß und Klein ist schon immer faszinierend gewesen und hat bei vielen Modellbahnern zum Nachbau in heimischen Räumen angeregt. Dank der H0m-Bahn von Bemo kann schon auf wenig Raum eine vollwertige Anlage kreiert werden. Die farbenfrohen Wagen der RhB- und Furka-Oberalp-Bahngesellschaften beleben die stellenweise zerklüftete Modellbergwelt. Das für eine Nachbildung der Schweizer Bahnwelt nötige Wissen ist in der zahlreichen Fachliteratur einsehbar.

Als ein weiteres beliebtes Motiv hat sich die „Neue Welt" jenseits des großen Teiches herauskristallisiert. Vor allem die alte „Westernzeit" lebt auf vielen Anlagen mit amerikanischen Motiven auf, aber auch die fünfziger Jahre des letzten Jahrhunderts mit ihren dicken Amischlitten auf den Straßen und dem kräftig brummenden Dieselpower auf den Gleisen fesseln viele Betrachter.

Die Nachbildung von Eisenbahnthemen aus unseren EU-Nachbarländern wird in Deutschland eher abgelehnt. Doch auf Ausstellungen fesseln die Nachbarn uns Deutsche mit ihren bis ins Detail durchgestalteten Modulanlagen. Vor allem viele Holländer und Briten legen großen Wert auf eine glaubwürdige Anlagengestaltung, bei der die Eisenbahn zwar im Mittelpunkt steht, aber flächenmäßig deutlich im Zaume gehalten wird. Mit ihren anspruchsvollen Gestaltungskünsten sind sie neben den Amerikanern weltweit führend.

Eher exotisch wirken Modellbahnen nach Motiven kubanischer Zuckerrohrbahnen.

Amerikanische Waldbahnen sorgen sowohl mit ungewöhnlichen Loks als auch recht gewagten Brückenkonstruktionen (H0-Selbstbau) für Aufsehen und erfreuen sich großer Beliebtheit.

Beliebt sind auch Alpenmotive. Allerdings lassen sich solche wie die österreichische Ravenna-Talbrücke (H0-Selbstbau) nur auf Club-Anlagen unterbringen.

42

Modellbahnen planen

Goldene Regeln

1. Das gewählte Thema sollte möglichst vorbildorientiert umgesetzt werden.
2. Fahren mit vorbildgerechten Zügen erfordert lange Strecken; spielintensiver Rangierbetrieb ist auf engem Raum möglich. Bei Platzmangel bietet sich als Kompromiss das Thema Nebenbahn an.
3. Für Landschaftsanlagen existiert ein sehr breites Angebot an Ausstattungsmaterial und Natur-Darstellungsprodukten; Industrieanlagen erfordern mehr Eigeninitiative.
4. Kopfbahnhöfe sind spielintensiver und gleichzeitig platzsparend, Durchgangsbahnhöfe erlauben dagegen eine dichtere Zugfolgen und sind einfacher zu bedienen.
5. Anstatt vorbildwidrig verstümmelter Groß-Bw sind kleine Lokstationen, etwa ein Wende-Bw, die bessere Wahl bei wenig Platz.

Die eingleisige Schmalspurstreke der RhB bei Morteratsch fasziniert mit ihren Kehrschleifen und Brückenkonstruktionen. Ein vorbildgerechter Zugbetrieb in der Epoche III und IV ist dank dem umfangreichen Modellangebot von Bemo problemlos in H0 nachzustellen.

Viele H0-Anlagen aus den Niederlanden oder Großbritannien beeindrukken durch ihren extremen Detailreichtum und konsequente Anlehnung an das Vorbild.

Im Regelfall finden sich nur auf Ausstellungen mit internationaler Beteiligung Anlagen nach französischen Motiven, hier die H0n-Schmalspurbahn Fer de la Creuse.

1 Anlagenarten

Tunnel und Bäume erlauben auf klassischen Kompaktanlagen das Tarnen des kreisförmigen Streckenverlaufes. Eine TT-Anlage benötigt zudem wenig Platz.

Fertiganlagen lassen sich rasch und unkompliziert auf passend lieferbaren Rahmen aufbauen. Sie verfügen über eine grundgestaltete Landschaft, sind also ideal für Einsteiger ins Modellbahnhobby.

Wie bereits erwähnt, gibt es unterschiedlichste Anlagenformen. Sie reichen von der kleinen Fahranlage auf der Platte bis hin zu Großanlagen einzelner Betreiber oder Clubs, die manchmal sogar die Betriebssituation und die landschaftliche Einbettung eines bestimmten realen Streckenbereichs wiedergeben.

Geschlossene Anlagen

Als geschlossene Anlagen bezeichnet man diejenigen, die auf einer Platte aufgebaut sind, also die typischen Einsteigeranlagen. Nach anfänglichem, normalerweise unproblematischem Aufbau und Betrieb wird der ambitionierte Modellbahner aber bald an die Grenzen des Spielspaßes stoßen, weil ein simples „Im-Kreis-Fahren" langweilig wird und ein halbwegs vorbildgerechter Betrieb durch den Kreisverkehr nicht möglich ist. In manchen absurden Fällen beißen sich die Züge sogar fast schon „in den Schwanz", wenn sie zu lang sind. Auch von der Optik befriedigen die Kreise mit ihren engen Kurven und einer meist unglaubwürdigen Landschaftsform kaum.

Hier lässt sich mit ein paar einfachen Tricks Abhilfe schaffen. Schon die Überbauung der engen Kurven mit einem Hügel oder das Tarnen der engen Radien mit einem Wald oder stattlichen Gebäuden kann dazu beitragen, den allzu spielzeughaften Eindruck zu verwischen.

Eine unübertroffene Lösung, die platzsparenden Plattenanlagen aufzuwerten, ist die Flucht in die dritte Dimension, d. h. die Anlage von Bergen (wohl eher Hügeln oder Erhebungen) und Tälern. Hierdurch wird dem Kreis der platte Eindruck genommen. Ein weiteres Hilfsmittel besteht in einer filigranen Durchgestaltung der Landschaft.

Kleine Rechteckanlagen haben enge Radien, nur in der Mitte ist Platz für die Landschaftsgestaltung. Möglich ist neben den Rundumfahrten lediglich ein bisschen Rangierbetrieb. Außerdem müssten Anlagen, die tiefer als 100 cm sind, der guten Zugänglichkeit halber von der Wand abgerückt werden. Sie beanspruchen dann noch mehr Raum.

Eine L-Anlage mit Kreisverkehr braucht deutlich mehr Platz, bietet aber lange Fahrstrecken, die sich mit einer gefälligen Streckenführung als attraktive Paradestrecke nutzen lassen. Es kann über den L-Winkel ein größerer Bahnhof angelegt werden und der kleinere Schenkel könnte den Gleisanschlüssen, einem Bw oder ähnlichem vorbehalten bleiben.

Nicht außer Acht gelassen werden sollte bei größeren Anlagen eine Einstiegsöffnung, sofern die offene Rahmenbauweise bevorzugt wird. Plant man dagegen eine Holzplatte als Anlagengrund, sollten Buchten für gute Eingriffsmöglichkeiten vorgesehen werden und die Platte im Bereich der Kehren wenigstens Ausstiegsluken aufweisen.

Fertiganlagen

Besonders schnell und einfach kommt man zu einer Modellbahnanlage, wenn man eine Fertiganlage erwirbt. Hierbei handelt es sich um konfektionierte Anlagen mit aus tiefgezogenem Kunststoff vorgefertigter Landschaftshaut. Wer seine Gestaltungswünsche auf wenige Grundformen beschränkt, kann damit schnell einigen Betrieb machen und in engen Grenzen Landschaftsgestaltung und individuelle Ausstattung verwirklichen.

Offene Anlagen

Auf den bisher besprochenen Anlagenarten ist praktisch nur auf ein bis zwei Ebenen beschränkter Kreisverkehr möglich. Um zu einer vorbildgerechteren Betriebsgestaltung zu kommen, wird es notwendig, den Kreis zu modifizieren, ohne ihn ganz aufzugeben. Das geschieht, indem der Kreis in Form eines „Hundeknochens" mit Kehren an

Modellbahnen planen

den äußeren Enden und in der Mitte scheinbar doppelgleisiger Strecke zusammengequetscht wird und sich damit dem Vorbildbetrieb der Bahn, bei dem die Züge aus der Richtung wiederkommen, in die sie weggefahren sind, nähert. Die beiden Enden des „Knochens" sollten in einer unteren Ebene verdeckt untergebracht werden. Zur Vielfalt des Betriebsgeschehens trägt es bei, die Enden an einen Schattenbahnhof anzugliedern. Damit können noch mehr Züge eingesetzt werden, so dass bei einem Gleiswechselbetrieb nicht derselbe Zug wiederkommt, der gerade erst weggefahren ist.

Schrankanlage

Kleine Modellbahnanlagen, die nur bei Lust und Laune aufgestellt werden, brauchen nicht jedesmal wieder abgebaut werden. Ein Griff in den Schrank und schwupp ist die Platte herausgeklappt. Im Schrank selbst ist die Anlage staubgeschützt und stört nicht das Erscheinungsbild des Wohnraums. Alle gestalteten Komponenten müssen allerdings auf der Klappanlage fest montiert sein. Der Schrank ist verhältnismäßig tief, etwa 50-60 cm, um die Anlage mit Kulisse und Unterwelt komplett verstecken zu können.

An der Wand entlang

In der Grundform ist eine Wandanlage eine Rechteckanlage, meistens schmal gebaut und in die Länge gezogen, und verläuft an der Zimmerwand entlang. Es sind je nach Spurgröße und Platz verschiedene Tiefenmaße möglich. Die Anlagentiefe muss so bemessen sein, dass die Anlage von der Vorderseite her aufgebaut, gut bedient und leicht gepflegt werden kann.

Die Wandanlage kann neben einer gewünschten Platzeinsparung z. B. auf Bücherregalbreite mit mehreren Vorteilen aufwarten. Sehr lange Fahrstrecken und viel Platz für die Landschaftsgestaltung bietet eine Form, die fast komplett an der Wand entlangführt, und wie ein L oder ein C aussieht. Entlang der Strecke lassen sich zahlreiche Themen unterbringen, die mit Szenentrennern wie Wäldern, Hügeln, Einschnitten oder Brücken voneinander abgegrenzt werden sollten.

Wird die Anlage rundum geschlossen, wächst sie zu einem O. Durch eine bewegliche Brücke oder einfach unter der Anlage hindurch ist der Zutritt zum Innenraum möglich. Bei schmalen Wandanlagen steht lebhafter Bahnbetrieb entlang der Strecke eher im Hintergrund. Daher empfiehlt es sich, eine eingleisige Strecke zu bauen, auf der einzelne edle Garnituren paradieren können. So lässt sich ein vorbildgerechter Verkehr von A nach B realisieren. An einem Ende wird beispielsweise ein Kopfbahnhof mit Umsetz- und Betriebsmöglichkeiten installiert, am anderen Ende wird vielleicht ein Schattenbahnhof gebaut oder ein Fiddle Yard angeschlos-

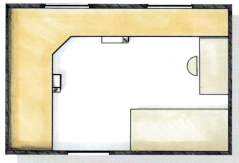

Ein zusätzlicher Schenkel erweitert nicht nur die Anlage zum L, sondern auch deren Betriebsmöglichkeiten.

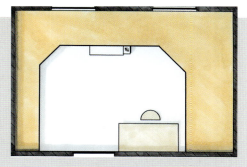

Steht mehr Platz zur Verfügung, lohnen sich U-Anlagen. Je nach Breite können die Schenkel auch Wendeschleifen aufnehmen.

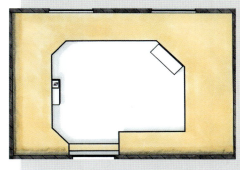

O-förmige Anlagen (links) nutzen den ganzen Raum, sollten aber immer eine flexible Brücke am Durchgang besitzen.

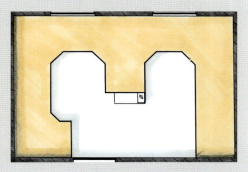

Kamm-Anlagen erlauben eine Streckenverlängerung durch großzügige Schleifen oder haben erweiterte Rangiermöglichkeiten.

sen, wo man Züge mit der Hand oder elektrisch zusammenstellen und umsetzen kann. Auf der Strecke werden Haltepunkte oder ein kleiner Bahnhof vorgesehen. Prinzipiell nähert sich diese Anlagengestaltung dem Modul-Prinzip.

Nach englischer Methode ist dieser Fiddle Yard, ein außerhalb der Anlage befindlicher Betriebsbahnhof, funktional einfach gehalten. Er versorgt die liebevoll gestaltete Strecke mit Zuggarnituren. Somit ist das Fiddle Yard ideal für den Betrieb kleiner Schaustücke.

Anlagenarten

Auf einer Zimmerfläche von 3,25 m x 2,25 m lässt sich eine Anlage in L-Form mit Nebenbahnstrecke und Endbahnhof darstellen.
1 Bahnhofsgebäude
2 Eingleisiger Lokschuppen
3 Güterverladestelle mit Kran
4 Kleiner Bauernhof
5 Sägewerk mit Bahnanschluss

In großen Räumen, z. B. bei Clubanlagen, findet man manchmal eine „Zungen"- oder „Kamm"-Anlage. Hierbei handelt es sich um eine erweiterte Sonderform der L-Anlage, die der Form eines „E" ähnelt. Je nach Platzangebot und betrieblichen Erfordernissen kann diese Form beliebig erweitert und ausgebaut werden. Auf den einzelnen Zungenteilen lassen sich spezielle Themen, wie z. B. Industrieanschlüsse, Bahnbetriebswerk, Hafen, Stadt u.v.m, darstellen, die man dann sogar unabhängig von der hinteren Hauptanlage gestalten kann. So lässt sich auch ohne Weiteres auf dem zusammenhängenden Anlagenteil ein automatischer Hauptstreckenbetrieb abwickeln, während auf den Zungenteilen manuell gefahren und viel rangiert wird. Solche Anlagen bestehen vielfach aus individuell angefertigten Segmenten, also Einzelteilen, die nur an der Verbindungsnaht aneinandergefügt sind. So lässt sich die Anlage leicht Stück für Stück demontieren, transportieren oder ohne Probleme erweitern. Einzelne in die Anlage integrierte Teile lassen sich außerdem ohne Weiteres austauschen und durch andere Teilstücke ersetzen.

Modulanlagen

Als Module bezeichnet man Anlagenteilstücke, die in beliebiger Anzahl aneinandergereiht werden können. Sie müssen über einheitliche Übergangsstücke an beiden Kopfenden verfügen, wodurch sie untereinander beliebig kombinierbar und austauschbar sind. Allerdings gibt es unterschiedliche Normen für die Übergänge, so dass ein Kombinieren mit anderen Modulen eine entsprechende Absprache der Besitzer voraussetzt. Die aus Modulen gebaute Anlage lässt sich leicht Stück für Stück nacheinander fertigstellen, einfach demontieren und transportieren.

Der Modellbahnbetrieb auf Modulen ist durch das Fahren von Zügen gekennzeichnet, die sich von Modul zu Modul bewegen. Werden viele Module aneinandergereiht, kann ein Zug unter Umständen lange Zeit unterwegs sein, um zu seinem Zielbahnhof zu gelangen – so ist für viel Betriebsabwechslung gesorgt. Am Zielbahnhof angelangt, setzt die

Eine von ihren Außenseiten einsehbare und zugängliche O-Rundum-Anlage eignet sich besonders für Ausstellungen. Dieser Anlagentyp ist vor allem in Großbritannien und Amerika beliebt.

Ausschließlich zur Präsentation langer Zuggarnituren dient diese schmale N-Anlage. Das Felsmassiv ist ein guter Hintergrund und verdeckt den Schattenbahnhof.

Modellbahnen planen

Lok auf den Bahnhofsgleisen um und rangiert gegebenenfalls mitgebrachte Güterwagen oder es werden neue Wagen an den nun wieder zur Abfahrt bereitstehenden Zug angehängt.

Modellbahn unter freiem Himmel

Nur wenige Modellbahner verfügen über den nötigen Raum, um eine Modellbahn im Maßstab 1:22,5 in der Wohnung aufzubauen. So wandern viele Liebhaber der Spur II mit ihrer Eisenbahn in den Garten. Dies ist natürlich eine völlig neue Dimension der Modellbahnerei. Eine Detailgestaltung, wie bei den kleinen Spuren üblich, lässt sich im Garten kaum realisieren. Nicht, dass es die Mittel und Möglichkeiten nicht gäbe. Nein, daran liegt es nicht. Es sind einfach die Umgebungsbedingungen. Heiße Sommer, Schneefall im Winter, Regen, Hagel und Sturm setzen der Gartenbahn mächtig zu. Daneben machen sich Nachbars Katzen oder die Elstern gerne mal über die liebevoll gestaltete Szenerie her. Wer sich also auf das Unternehmen Gartenbahn einlässt, sollte mit derartigen Einflüssen rechnen. Auch ein noch so guter Unterbau ist nicht unbedingt eine Garantie gegen Frostschäden. Die Gartenbahn verlagert das Arbeitsfeld des Modellbahners in die Natur und erweitert es um Tiefbau- und Gärtnerarbeiten. Ein fester Betonunterbau sorgt für eine wetterfeste Gleistrasse und auf Form und Größe getrimmtes Buschwerk bildet die gestalterischen Elemente.

Zugänglichkeit

Auf jeden Fall sollte man bereits in der Vorbereitungsphase bedenken, dass möglichst alle Anlagenbereiche nach ihrer Fertigstellung auch noch zugänglich sind. Nichts ist ärgerlicher als ein Zug, der gerade in der hintersten Anlagenecke entgleist, die man nur unter akrobatischen Verrenkungen und unter Gefahr der Zerstörung im Vordergrund befindlicher Ausgestaltungsteile erreichen kann. Andererseits können auch An-der-Wand-entlang- oder Rundum-Anlagen für ganz neue gestalterische Möglichkeiten sorgen. Es lassen sich mit ihnen lange Fahrstrecken realisieren, und gleichzeitig kommt bei ihnen auch die Landschaftsgestaltung nicht zu kurz. Letztendlich ist es ein Genuss, Züge in einer großzügigen Landschaft fahren zu lassen. Bei einer Rundum-Anlage sollte der Eingangsbereich vor einer Tür jedoch durch herausnehm- oder hochklappbare Anlagensegmente realisiert werden.

Abzuraten ist von einer Rundum-Anlage ohne herausnehmbare oder wegklappbare Anlagenteile. Sonst muss man zum Betreten des Anlageninnenraumes immer unter der Anlage hindurchkriechen; jedes Werkzeug und jedes andere Utensil, das nicht innen oder unter der Anlage gelagert werden kann, muss ebenso auf diese Weise hineingebracht werden. Das mag zwar am Anfang nicht sonderlich

Vielfältigen und realitätsnahen Spielspaß erlauben Modulanlagen. Beim organisierten Treffen mit Gleichgesinnten können die Module zu langen Strecken miteinander verbunden werden.

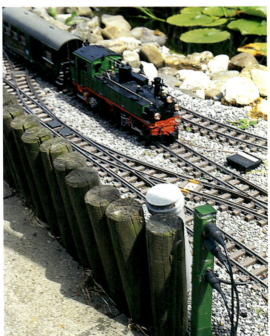

Im eigenen Garten mit der wetterfesten Gartenbahn von Lehmann zu spielen hat seinen ganz eigenen Reiz.

Die Nenngröße Z ist so klein, dass man eine kleine funktionsfähige Anlage auch in einem gewöhnlichen Aktenkoffer unterbringen kann, ohne dabei auf eine gute Landschaftsgestaltung verzichten zu müssen.

1 Anlagenarten

Ein Ringlokschuppen als Bühne für die eigene Fahrzeugsammlung erhebt Anspruch an Breite und Tiefe gerade in der Nenngröße 1. Ein vorbildgerechtes Umfeld können daher oft nur Clubs gestalten.

Beispiel für schwere Zugänglichkeit: ein schmaler Gang und eine in die Tiefe reichende Anlage. Diese Märklin-Anlage ist im Laufe der Zeit stetig erweitert worden.

schlimm erscheinen, im Laufe der Zeit jedoch wird dieser Umstand zum Ärgernis – außerdem wird man auch nicht jünger und das Hindurchkriechen mit zunehmendem Alter immer ein bisschen beschwerlicher.

Die Grenzen zwischen den einzelnen Anlagengrundformen verlaufen fließend, eine direkte Abgrenzung voneinander ist daher in vielen Fällen nicht möglich oder sogar nicht sinnvoll. So kann eine Rundum-Anlage durchaus über eine oder mehrere Anlagenzungen in ihrem Inneren verfügen, auf denen separate, auch rangierintensive Motive dargestellt werden. Gleichzeitig können unabhängig davon auf dem O-Teil mit der vorbeiführenden Hauptstrecke lange Personen- oder Güterzüge verkehren.

48

Modellbahnen planen

▌ Goldene Regeln

1. Je kleiner die Anlage, desto wichtiger ist der Grundsatz „Weniger ist mehr". So vermeidet man eine unschöne Achterbahn-Optik.
2. Berganlagen bieten gegenüber flachen Anlagen Vorteile bei der Streckenführung und –länge durch verschachtelte Gleisverläufe.
3. Kompaktanlagen sind unabhängig von ihrer Grundform ein in sich geschlossenes Betriebs-System.
4. Module sind die platzsparendste Form vorbildgerechter Anlagen. Sie erlauben jedoch nur im Zusammenspiel mit weiteren Modulen Gleichgesinnter lange Fahrstrecken und abwechslungsreichen Spielbetrieb.
5. Die Zugänglichkeit aller Bereiche einer Anlage hat oberste Priorität.

Für Landschaftsnachbildungen wie hier Motive vom Rhein mit St. Goarshausen eignen sich vor allem kleinere Maßstäbe. Auf dieser N-Anlage können lange Züge präsentiert werden.

Ein funktionsfähiger Pendelzug im Maßstab 1:450 (Nenngröße T) ist Mittelpunkt dieses japanischen Schaustückes einer Bar.

Gut erreichbar ist diese einfache H0e-Kompaktanlage mit Feldbahnmotiven. Hinter dem kleinen Hügel mitsamt Hintergrundkulisse versteckt sich der kleine Schattenbahnhof.

49

1 Anlagen planen

Interessante Vorbild-Vorlagen liefert die Eisenbahnliteratur in Hülle und Fülle. Da kann der Modellbahner oft fündig werden.

Die Planung und Gestaltung einer Modellbahnanlage setzt nicht nur eine handwerkliche Erfahrung voraus, die sich jeder Modellbahner aneignen kann, sondern auch Fantasie und vor allem Umsicht. Es gilt, alle möglichen Beschränkungen wie Raumart und -größe, Zeit- und Arbeitsaufwand und die finanziellen Mittel zu bedenken, um sich gegen spätere Probleme und Enttäuschungen möglichst abzusichern.

Zunächst sei als erste, möglicherweise beschränkende Vorbedingung der vorhandene Platz genannt, nach dem sich meist auch die Anlagenform richtet. Empfehlenswert in dieser Phase des Planens ist es, sich von Vorbildgleisplänen und Bildern aus Zeitschriften und Büchern inspirieren zu lassen.

Im Konzept der zu planenden Anlage sollte keinesfalls der Spielspass fehlen. Die Gleisplanung ist daher entscheidend davon abhängig, welche Art von Betrieb auf der Anlage stattfinden soll. Ein Rundkurs erfordert eine andere Gleisführung als ein rangierbetonter von Punkt-zu-Punkt-Betrieb. Der gequetschte Hundeknochen führt wieder zu einem ganz anderem Fahrbetrieb. Wer nur eine Nebenstrecke plant, kann auf den enormen Platzbedarf einer zweigleisigen Hauptstrecke natürlich verzichten. Er wird sich später aber auch mit beschaulicherem Verkehr zufrieden geben müssen. Auch die Wahl des Stromsystems kann schließlich die Gleisgestaltung beeinflussen, wenn man beispielsweise Kehrschleifen einbauen will.

Neben dem sinnvollen, am Vorbild orientierten Betriebsablauf sollten interessant platzierte Betriebsstätten wie Bahnhof, Güterverladestellen, Bahnbetriebswerk, Abwechslung ins Spiel bringen. In diesem Stadium ist zunächst nur die Anlageoberfläche interessant. Sie nimmt auf engstem Raum alle die Dinge, die man in Katalogen und Publikationen gesehen hat, bereitwillig auf. Nach der ersten Phase der Begeisterung kommt jedoch zwangsläufig die Ernüchterung, wenn man die gigantischen Auswüchse versucht in Form, und vor allem auf ein Maß, zu bringen. Im Laufe weiterer Planungsüberlegungen wird man schließlich herausfinden, dass in einer vernünftigen Beschränkung letztlich doch die optimale Lösung liegt.

Das Planen geschieht nicht nur in einer Ebene, sondern auch in der dritten Dimension mit harmonisch gestaffelten Rampen, Böschungen, Mauern und Straßen. Einen prägenden Einfluss auf die Gesamtplanung hat selbstverständlich auch die unterirdische Streckenführung, falls vorgesehen. Hierzu zählen Schattenbahnhöfe, Gleiswendeln und natürlich die Steigungs-/ Gefällestrecken, welche die Anlagen-Niveaus miteinander verbinden. Aus der Notwendigkeit, derartige Steigungen gemäßigt (maximal 3 Prozent, also 3 cm pro Meter Strecke, besser sind höchstens 2,5 cm) auszuführen, können sich für die oberirdische Planung gravierende Modifikationen und Einschränkungen ergeben. Das gleiche gilt auch für die unbedingt einzuplanenden Eingriffsmöglichkeiten für die unterirdischen Streckenabschnitte.

Bei jeder Planung ist die Machbarkeit des Entwurfs zu hinterfragen. Planungsfehler wie zu enge Radien, zu wenig Raum für den Hintergrund, Zugangsmöglichkeiten usw. sollten schon jetzt, im Vorfeld, erkannt und nach Möglichkeit eliminiert werden. Eine Diskussion über den Gleisplan mit Hobbykollegen kann keinesfalls schaden.

Vom Vorbild zum Modell

Soll ein konkretes Vorbild möglichst detailgetreu ins Modell umgesetzt werden, ist ein recht intensives Vorstudium notwendig, denn weder das eigene Gedächtnis noch – in den meisten Fällen jedenfalls – die Fachliteratur liefern exakte Maße und Farben. Stehen nur Schwarz-Weiß-Fotos zur Verfügung, wäre selbst die üppigste Phantasie überfordert, die passenden Farben auszumachen. In derartigen Fällen hilft oft nur: Hinfahren und selbst aktiv werden. Bevor man allerdings seine Exkursion beginnt, sollte ein Blick der notwendigen Ausrüstung gelten, denn es geht ja schließlich darum, aus der Ausflugs-Ausbeute möglichst viele exakte

---

Sinnvolle Werkzeuge und Materialien:

- Computer mit entsprechender Gleisplansoftware
- Gleisschablonen
- Transparentpapier
- Blei- und Tuschestifte
- Metermaß, Geodreieck, Kurvenlineale
- Taschenrechner
- Vorbildpläne und -fotos
- Diverse Literatur

Soll der Ausflug verwertbare Ergebnisse erbringen, müssen Utensilien wie Zollstock, Maßband und Winkelmesser unbedingt dabei sein.

Modellbahnen planen

Daten und daraus Anregungen für die anschließende Planung der Modellbahn zu gewinnen.

Grundlage für eine zielgerichtete Exkursion ist immer die genaue Information über die betreffende Örtlichkeit. Gutes, genaues Kartenmaterial über die Umgebung leistet hier vorzügliche Dienste. Die Kamera als Hauptvermittler der Informationen wird man kaum vergessen. Sehr hilfreich erweist sich gerade für Gebäudeaufnahmen ein zusammenschiebbares, stabiles Stativ.

Zum Messen der Wunschobjekte dient – bei kleineren Dimensionen – der Zollstock, offiziell „Gliedermaßstab" genannt. Bei größeren Objekten reicht er nicht aus, da empfiehlt sich der Einsatz eines Bandmaßes, was allerdings die Anwesenheit einer Begleitperson nötig macht.

Gute Dienste leistet ein exakt arbeitender Winkelmesser, um Neigunswinkel genau feststellen zu können. Als allerwichtigste Utensilien für die Vermessungsarbeiten sollte man in ausreichender Menge Papier einstecken, und natürlich Bleistifte. Als wichtigste Informationsquelle sollten die Bilder zunächst eine Gesamtansicht des zu dokumentierenden Objekts liefern. Um unerwünschte perspektivische Verzerrungen beispielsweise der Linien eines Bauwerks zu vermeiden, muss sich der Kamerastandort möglichst rechtwinklig vor dem abzulichtenden Objekt befinden. Bei großen Bauwerken, wie zum Beispiel Bahnhöfen, ist es besser, vom gleichen Standort aus mehrere Ausschnittsfotos von der Gebäudefront so anzufertigen, dass sich die einzelnen Aufnahmen seitlich etwas überlappen. Später können die Fotos dann am Computer zu einem Gesamtbild zusammengestellt werden.

Sehr vorteilhaft ist es, einen Gegenstand als Maßstab mit in die Fotos zu bringen, die Aufnahmen sozusagen zu eichen. Das braucht keine professionelle Meßlatte zu sein, es genügt beispielsweise ganz einfach ein Besenstiel, der in genauen Abständen von beispielsweise einem Meter – noch besser ist ein kleinerer Maßstab – mit farbigem Isolierband auffällig markiert ist.

Um die spätere Auswertung der Foto-Dokumentation zu erleichtern, ist es erforderlich, sich bei jeder Aufnahme in korrekter Reihenfolge Objekt und Blickrichtung zu notieren.

Als erstes sind die Hauptabmessungen des Objekts, nämlich Länge, Breite und Höhe zu ermitteln und zu notieren. Die Messung der Höhe wird in der Regel etwas schwieriger sein als die der anderen beiden Grundmaße. Da kann man oft nur nachträglich im Foto anhand des mitaufgenommenen Maßstabs zu einem brauchbaren Ergebnis kommen. Eine andere Möglichkeit der Höhenermittlung z. B. einer Fassade besteht darin, die Höhe einer Tür oder eines Fensters genau zu vermessen und anschließend aus diesem Wert im Dreisatzverfahren die Gesamthöhe des Bauwerks zu berechnen. Hilfreich kann auch das Vermessen und Abzählen von sich regelmäßig wiederholenden Bauelementen wie Ziegelsteinen sein, um Gesamtausdehnungen in etwa zu bestimmen.

Tauchen Winkel auf, die größer oder kleiner als 90° sind – oft sind das die interessantesten, attraktivsten und typischen Objekte für eine Umsetzung ins Modell – kommt der Winkelmesser zum Einsatz. Es lohnt sich, gerade bei krummen Winkeln genau und akkurat zu arbeiten, denn die charakteristische, interessante Wirkung hängt nicht selten an wenigen Winkelgraden.

Um nun aus den ermittelten Maßen keinen unübersichtlichen Ziffernsalat zu Papier bringen zu müssen, der hinterher bei der gründlichen Auswertung nur zu Missverständnissen führen kann, sollte man zumindest eine Übersichtsskizze des betreffenden Objekts anfertigen. In diese Skizze werden dann die gemessenen Werte an Ort und Stelle eingetragen. Diese Arbeit vor Ort kann man sich erleichtern, wenn man ein Notizbrett mit Klemmvorrichtung verwendet. Wichtig ist vor allem, möglichst viele Daten zu ermitteln. Es wäre doch lästig, eine Exkursion wieder erneut durchzuführen, nur weil ein Wert fehlt.

Von der Idee zur Modellbahnanlage

Wenn es für das spätere zufriedenstellende Gelingen einer Modellbahnanlage so etwas wie eine Garantie geben sollte, kann dies mit Sicherheit nur die vor Baubeginn erfolgte sorgfältige und wohlüberlegte Planung sein. Fröhliches „Drauflosnursteln" nach Lust und Laune mag zwar am Anfang durchaus Spaß machen, nur allzu bald gerät der Anlagenbauer jedoch zwangsläufig in eine Sackgasse, kommt nicht mehr weiter und verliert schließlich die Freude an der ganzen Sache und möglicherweise am Hobby. Ein platzraubender Torso ist dann das traurige Resultat planloser Arbeit.

Individuelle, vom Gleissystem unabhängige Planung bedeutet planen wie zu alten Zeiten. Dazu werden herkömmliche Zeichenutensilien wie Bleistift (Gradation HB), Zirkel, Geodreieck, Kurvenlineale und vor allem ein Radiergummi benötigt. All dies ist im Schreibwarengeschäft erhältlich. Als Papier genügt Millimeter- oder Transparentpapier. Auf einem Bogen weißen Zeichenpapiers wird zuerst ein Raster (H0=50 cm, TT=36 cm, N=28 cm, Z=20 cm) aufgezeichnet, das als Plangrundlage für die erste skizzenhafte Anlagenplanung in einem kleineren Maßstab 1:20, – der Rasterlinienabstand beträgt hier 2,5 cm – dient. Auf dem Transparentpapier werden nun die ersten Gleisskizzen aufgezeichnet. Der Vorteil des transparenten Papiers besteht darin, dass sich die verschiedenen Entwürfe, auch ausschnittsweise, immer wieder auf dem vorhergehenden Entwurf aufbauen lassen. Zudem kann man es vermeiden, eventuell noch brauchbare Skizzen ausradieren zu müssen.

Zur Höhenermittlung ist eine rot/weiße Messlatte ideal. Mit dem Bandmaß werden die Längen- und Breitenmaße genommen.

Zur eindeutigen Zuordnung der Maße sind Skizzen anzufertigen.

1 Anlagen planen

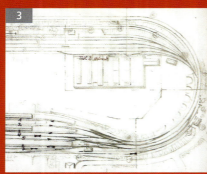

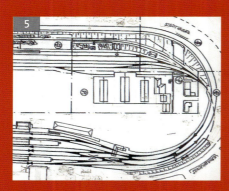
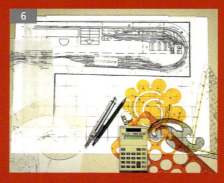

So entsteht schrittweise die Planzeichnung einer Bahnhofseinfahrt mit aufwändig verzweigter Gleisführung: Zuerst entwirft man einen Gleisplan (1). Neben Geodreieck sind auch Radienschablonen hilfreich (2). Steht der Gleisplan (3), kann er mit Tusche der Ästhetik wegen nachgezeichnet werden (4). Nicht selten wird der Entwurf nochmals überarbeitet und optimiert (5), bis die zukünftige Modellbahnanlage sich den Raumvorgaben optimal angepaßt hat (6).

Mit den Planungsbögen von Märklin oder ROCO lassen sich schnell Gleispläne mit Standartgleisen erstellen.

Jede Gleisschablone beruht auf der speziellen Geometrie des jeweiligen Gleissystem-Herstellers.

Hat der Gleisplan in seiner Gesamtheit auch die Hobbykollegen überzeugt, kann dieser mit Hilfe von Tuschezeichnern (Rapidographen) oder feinen Filzstiften in eine Reinzeichnung umgesetzt werden. Fotokopien dieser Reinzeichnung in Orginalbaugröße können später zum Ausprobieren der Gleislage beim Aufbau der Anlage verwendet werden. Zusätzlich ergänzen lässt sich der Plan mit Fotokopien der Original-Modellweichen, denn der Kampf um jeden Zentimeter Nutzlänge und interessante Gleisverbindungen ist nur durch Probieren im Originalmaßstab zu gewinnen. Ist die Gleisplanungsphase dann endlich abgeschlossen, kann man sich Gedanken um das „Bühnenbild" machen. Schließlich gibt das „Drumherum", das Gelände und die Häuser, der Anlage erst die richtige Würze. Aber auch hierbei sollte grundsätzlich gelten: weniger ist mehr!

Das Vorbild liefert dabei meistens passende Beispiele zur Auswahl, auch für spezielle und interessante Lösungen. Das gilt für die Positionierung von Gebäuden, deren Gruppierung und Bauweise und selbstverständlich auch für die Art der Landschaftsgestaltung. Aber Vorsicht: Man sollte die Anlage mit den gewünschten Ausstattungsmaterialien keinesfalls überladen. Denn schließlich sind Modellbahnanlagen immer nur kleine Ausschnitte des großen Vorbilds. Sich an die optimale Lösung herantasten gelingt hier nur durch ständiges Probieren mit den verschiedenen Elementen für die Anlagenausgestaltung.

Planen mit Schablonen

Alle Modellbahnhersteller mit eigenen Gleissystemen bieten für ihre unterschiedlichen Spurweiten sogenannte Gleisplan-Zeichenschablonen an. Auf diesen Schablonen sind die von ihnen entwickelten Gleissysteme mit den verschiedenen Gleisstücken und Weichen maßstäblich verkleinert (1:10) aufgedruckt und ausgestanzt. Mit einem spitzen Bleistift oder einem feinen Tuschezeichner können diese Streckenbestandteile ganz einfach auf Papier übertragen werden. Leider sind mit diesen Schablonen größere Radien und Übergangsbögen, die sich ohne weiteres mit Hilfe der teilweise in den Gleissystemen mit angebotenen Flexgleise realisieren ließen, zeichnerisch nicht darstellbar. Dies führt schon in der Planungsphase zu einer doch eher langweiligen, starr und schematisch wirkenden Gleisgeometrie, die der zukünftigen Modellbahnanlage den gewünschten „Schwung" nimmt.

Für die Märklin-Gleissysteme in den Nenngrößen H0 und Z bietet der Hersteller Gleisplanspiele im Maßstab 1:5 zur Planung einer Modellbahnanlage an. Damit lassen sich Anlagenentwürfe dreidimensional aufbauen, um so einen gewissen räumlichen Eindruck zu gewinnen. Mit dem Inhalt des Gleisplanspiels lässt sich der Probeaufbau einer mittelgroßen Modellbahnanlage bewerkstelligen.

Modellbahnen planen

Zusätzlich zu den zusammensteckbaren Gleisen beinhaltet das Gleisplanspiel auch Nachbildungen bahntechnischer Anlagen wie Schiebebühne und Drehscheibe. Um Steigungen und höhergelegene Streckenteile im Planspiel darzustellen, sind Pfeiler zum Aufbau einer Brücke und zur Montage von Rampen beigelegt. Mit Planungsbogen und Gleisplanspiel läßt sich nur systemkonform planen.

Planen mit dem PC

Der Einsatz von Computerprogrammen, wie sie bereits seit längerem auf dem Markt sind, ist für Anlagen mit einem weniger aufwendigen Gleisplan nicht unbedingt erforderlich. Zur Planung komplizierterer Weichenstraßen oder Gleisverbindungen dagegen ist ein Planungsprogramm durchaus hilfreich. Mancher Modellbahner wird auch Vergnügen daran finden, Anlagen am Heimcomputer zu planen. In den Programmen sind die Gleissysteme fast aller Modellbahnhersteller von Z bis hin zu den großen Spurweiten als Bibliothek vorhanden. Zusätzlich enthalten manche Programme Bibliotheken mit Gebäudemodellen aller Nenngrößen. Somit lässt sich auch das Umfeld der Gleisanlagen mit in die Planung einbeziehen. Auch die Gestaltung des Geländes ist am Computer bereits möglich. Einige der Programme liefern außerdem dreidimensionale Ansichten der geplanten Anlagen.

Wie auch bei anderen Computeranwendungen bedarf es bei Planspielen am PC auch einer Lernphase. Den Programmen sind Handbücher beigegeben, die den ersten Überblick über deren Funktionen schaffen. Zunächst ist es empfehlenswert, zur Übung einen ganz einfachen Gleisplan zu entwerfen. Auf diese Weise lernt man die Arbeitsweise des Programms am besten kennen. Ist man dann mit dem Programm vertraut, kann man mit der Planung der Modellbahnanlage loslegen.

Eine ganze Reihe von Hilfsfunktionen unterstützt den Anlagenplaner. Gleise verbinden, Kreise schließen, Parallelstrecken erzeugen und Flexgleise automatisch integrieren – daraus ergibt sich eine weitgehend freizügige Gestaltung der Gleisanlage. Darüberhinaus lassen sich auch Steigungen und Gleiswendeln berechnen und erzeugen. Funktionen für Böschungen und Pfeiler für die Erzeugung unterschiedlicher Höhenlagen stehen ebenfalls zur Verfügung.

Zusätzlich enthalten mehrere Programme die Option, Verdrahtungspläne und Gleisbildstellpulte zu erzeugen. Eine weitere wichtige Funktion mancher Programme ist die Erstellung von Statistiken. Hiermit kann der genaue Bedarf an Gleisstücken, Weichen usw. automatisch ermittelt werden. Durch Eingabe der Einkaufspreise lassen sich damit sogar die Kosten ermitteln. Und auch die theoretische Gesamtlänge der Kabel in den Verdrahtungsplänen läßt sich sekundenschnell ausrechnen.

Proportionsstudien

Die richtige Abstimmung aller Elemente einer Modellbahnanlage erfordert einen sicheren Blick für Proportionen und ein gutes Raumgefühl. Für die Auswahl der endgültigen Standorte, z. B. der Gebäude, deren Größenverhältnisse zueinander und zur Umgebung, ist es wichtig, die Hauptblickrichtung auf die Anlage, also deren Schokoladenseite, festzulegen.

Zu Beginn der eigentlichen Proportionsstudien genügen Rohbauten oder die Schachteln verschiedener Bausätze, die in etwa die Größe wiedergeben, die das zukünftige Gebäude erhalten soll. Alle Positionen im Zusammenspiel mit Gleisen, Straßen und Geländehöhen können damit überprüft werden. Kleinste Verschiebungen und Verdrehungen der Gebäude-Standorte bzw. der provisorischen Schachtel oder Rohbauten ergeben immer wieder neue und vielleicht positiv überraschende Wirkungen. Diese Proportionsstudien am Objekt lassen sich durch keine Computerplanung mit 3-D-Zeichnungs-Programm ersetzten, denn erst beim Zusammenspiel aller Gegenstände auf der Anlage kann man mit dem Auge wandern und die Proportionen richtig einschätzen. Andernfalls setzt man vom Planer ein ausgesprochen gut ausgeprägtes Raumvorstellungsvermögen voraus, was aber nur die wenigsten Leute tatsächlich besitzen – und eine Portion Erfahrung gehört noch dazu.

Sind die Standorte der Gebäude in Ihren Proportionen für richtig befunden und festgelegt, kann mit der endgültigen Montage der Bauwerke begonnen werden. Tauchen später nach nochmaliger Überprüfung der Standorte, Gruppierungen und Gebäudehöhen doch noch Unstimmigkeiten in Verbindung mit der Umgebung auf, läßt sich das Umfeld in diesem Baustadium noch relativ leicht korrigieren oder abwandeln.

Goldene Regeln

1. Vorbildorientierte Anlagen erfordern grundsätzlich Recherchen vor Ort oder in Archiven.
2. Computeranimationen können in Detailfragen 1:1-Proportionsstudien nicht ersetzen.
3. Computer sind im Vergleich zu Planungsschablonen bei konfektionierten Gleisen präziser und erlauben die Erstellung von Stücklisten
4. Eine 1:1-Planung beim Gleisaufbau ist bei größeren Anlagen oder komplizierter Gleisführung unbedingt zu empfehlen.
5. Sorgfältigstes Vorgehen beim Planen minimiert bereits im Vorfeld Fehlerquellen bei Bau und Betrieb.

Computerplanung eines Ringlokschuppens mit Drehscheibe für das Bahnbetriebswerk.

Für Proportionsstudien genügen bereits Rohbauten der einzusetzenden Gebäudemodelle.

Mit einem „Modell vom Modell" lassen sich die Proportionen des Landschaftsentwurfs überprüfen. Jetzt sind Korrekturen beim späteren Unterbau noch möglich.

2. Bau der Anlage

Nur ein formstabiler und ausreichend tragfähiger Unterbau garantiert über lange Zeit einen störungsfreien Modellbahnbetrieb.

Besondere Sorgfalt bei der Auswahl der Materialien für den Unterbau ist wichtig, soll später kein Ärger entstehen, weil sich Teile der Anlage verziehen.
Der Unterbau einer Modellbahnanlage hat gleichzeitig mehrere Funktionen. Zum einen dient er als möglichst stabiles tragendes Element, zum anderen prägt er auch die Oberfläche und technische Funktion der künftigen Anlage.
Grundsätzlich wird zwischen zwei Arten des Unterbaus unterschieden: die geschlossene Anlagenart, also die ebene Platte, und die offene Anlagenform. Bei Letzterer bilden einzelne Trassen(bretter) die Ausgangsform und formen das Landschaftsprofil über einem offenen Unterbau, der in verschiedenen Bauarten erstellt werden kann. Diese beiden grundsätzlichen Unterbau-Arten schließen einander jedoch nicht aus; es haben sich Mischformen herausgebildet, in denen die Vorteile beider Bauarten vereint sind.

2 Material-Auswahl

Die offene Rahmenbauweise mit Spanten und Trassenbrettern aus Sperrholz hat sich auch im Modulbau bestens bewährt.

Eine größere Anlage lässt sich auch in Segmenten aufbauen. Zusätzliche Brettchen tragen später Gebäude und Wege.

Zur Verbesserung der Stabilität werden die Spanten innerhalb des Rahmens gedübelt und verleimt. Schrauben stabilisieren zusätzlich.

Zusätzlichen Halt bieten formschlüssig eingeklebte Querträger, beispielsweise unterhalb des künftigen Bahnhofsareals.

Plattenbauweise

Sehr bekannt und verbreitet ist diese Bauart, die gewissermaßen die logische Weiterentwicklung der Anfänger-Fußbodenanlage auf der 1. Etage darstellt. Gleise, Gebäude und die Landschaft befinden sich praktisch in einer Ebene, wobei es möglich ist, Streckenabschnitte ein Stockwerk höher zu bauen, um so einen interessanteren Zugbetrieb zu ermöglichen. Nachteile der Plattenbauweise sind Unhandlichkeit und ein recht hohes Gewicht.

Für Eisenbahnplatten wird oft Pressspan eingesetzt. Dieses Material ist kostengünstig und ausreichend stabil. Bei hoher Luftfeuchtigkeit oder anderen Nässeeinflüssen quellen die Platten allerdings. Als die bessere Wahl zu Pressspan können Tischlerplatten verwendet werden, die leichter sind, dafür aber auch deutlich mehr kosten.

Platten für eine brauchbare Anlagengröße sollten mindestens 2 m x 1 m, besser noch größer sein. Sie sind besonders für Transportzwecke sehr unhandlich. Da Platten ab einer bestimmten Anlagengröße (2 m²) ohnehin versteift werden sollten, kann diese Unterkonstruktion gleich für die Verbindung geteilter Platten mitgenutzt werden. Sie werden durch hochkant unterlegte und verschraubte Dachlatten verwindungsfrei. Dabei kann man die in der passenden Größe zurechtgesägten Plattenteile an den Rändern unterfüttern und diese Latten dann miteinander verschrauben. Vor der endgültigen Montage sollten Aussparungen für die Kabelführung vorgesehen werden. Das ganze Plattenwerk kann dann auf Holzböcke aufgelegt werden.

Rahmen- bzw Spantenbauweise

Stabile Kanthölzer, Dachlatten oder Bretter werden miteinander verschraubt und bilden bei der offenen Rahmenbauweise das stabile Anlagen-Grundgerüst. In der festgelegten Anlagengrundform und -größe entsteht eine waagerechte, verwindungssteife Gitterkonstruktion, die als sichere Basis für den Bau der Gleisanlagen und der Landschaft dient. Für ein solches Holzgitter sind Kanthölzer in einer Stärke von 4 x 4 oder 5 x 5 cm, Dachlatten von 3 x 6 cm oder Bretter mit den Maßen ab 2,5 x 7,5 cm geeignet.

In der Regel beträgt der Gitterabstand etwa 50 cm, kann aber an den bei größeren Anlagen unbedingt mit einzuplanenden Auftauchöffnungen etwas größer ausfallen. Um eine höhere Verwindungssteifigkeit zu erreichen, werden Diagonalverstrebungen eingebaut. Die Stützbeine werden mit der Anlage verstrebt, sofern man feste Pfosten dafür vorsieht. Die Beine sollten zusätzlich höhenverstellbar sein.

Die Latten müssen übrigens nicht immer rechtwinklig miteinander verbunden werden. Möglich sind auch schräge Streben, die einem winkligen Kantenverlauf folgen.

Bau der Anlage

Die fertige Rahmenkonstruktion erhält nun vertikale Stützen als Auflage für die Trassen oder gleich die Spanten. Dies sind Sperrholz- oder Tischlerplatten, die bereits entsprechend dem Landschaftsverlauf ausgesägt worden sind. Über diese Spanten hinweg wird später die Landschaftshaut aufgebracht. Dieses Querspantenwerk komplettiert man durch den Einbau von Spanten in Längsrichtung. Bereits während dieser Phase sollte man die Öffnungen für die eine Etage tiefer liegenden Trassenbretter des Schattenbahnhofs vorsehen.

Die Spanten-Bretter werden mit der Stichsäge aus Rechteckplatten ausgeschnitten, wobei Landschafts- und Trassenverlauf mitberücksichtigt werden. Zur Gewichtseinsparung können kreisrunde Öffnungen eingeschnitten werden, ebenso Löcher zur Durchführung der Kabel. Die Spanten werden am besten mit Schnellbauschrauben am Grundrahmen befestigt. Möglich ist auch eine Verleimung, allerdings sollte man zur Sicherung trotzdem ein paar Schrauben eindrehen. Wer Längs- und Querspanten einbaut, sollte deren Verbindungsstellen miteinander verleimen und die Eckverbindungen zusätzlich mit eingeleimten Holzleistchen versteifen. Auf den waagerechten Trassenausschnitten der Spanten werden dann die Trassenbretter mit Leim befestigt. Die Spantenplatten und Trassenbretter sollten unbedingt aus leichtem und mehrfach wasserfest verleimtem Sperrholz, z. B. Buchensperrholz, in der Stärke ab 10 mm, idealerweise 12 mm, bestehen. Die Spanten dürfen etwas dicker ausfallen, die Trassen weniger dick, je nach Spurgröße und Trassenlänge. Pressspanplatten sind schon aus dem Grund nicht zu empfehlen, da sie leicht brechen und sich kaum biegen lassen.

Die Trassen müssen nicht unbedingt aus langen Stücken bestehen, denn sonst würde zu viel Verschnitt anfallen. Sie lassen sich aus Plattenstücken materialsparend aussägen, indem man vorher z. B. sich Kurvenschablonen anfertigt. Die Schnittstellen werden mit den Abfallstücken unterfüttert und verleimt. Diese Baumethode eignet sich übrigens auch für die Anfertigung von Gleiswendeln.

Die Spantenbauweise eignet sich hervorragend für den späteren Landschaftsbau mit Fliegendrahtgewebe oder kreuz und quer verklebten Pappstreifen. Für Anlagenbauer, die ihre Landschaft mit Hartschaumplatten gestalten wollen, sind die Spanten eher hinderlich, es sei denn, sie schneiden den Hartschaum passgenau für die jeweiligen Öffnungen zwischen den Spanten zu und verleimen das Ganze.

Für bestimmte thematisch geschlossen zu gestaltende Bereiche wie z. B. Bahnhof, Stadt, Industriegelände, Bw usw. können auf den fertigen Rahmen zusätzlich Grundplatten als Basis aufgeschraubt werden. Diese Themen-Platten lassen sich bis zur endgültigen Fertigstellung immer wieder heraus-

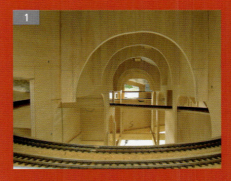

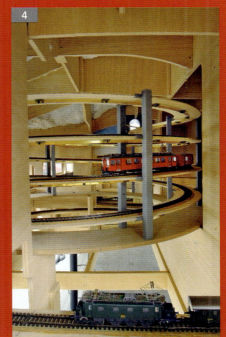

Anlage in Spantenbauweise: Senkrechte Holzplatten tragen die Oberfläche (1); und im Anlageninneren verlaufen etliche, von unten eingreifbare Gleise (2) nebst Gleiswendel als Höhenüberbrückung (4). Zum Befahren der Oberleitung mit Panthografen dient eine gebogene Aufgleithilfe (3). Zum bequemen Arbeiten unter der Anlage hilft neben einer sinnvollen Höhe der Anlagenunterkante ein einfahrbarer, ausgedienter Autositz (5).

Eine große Anlage kann nur sorgsam in Segmente zerlegt transportiert werden. Die Anlagenübergänge sind nach dem Wiederaufbau nicht mehr zu sehen.

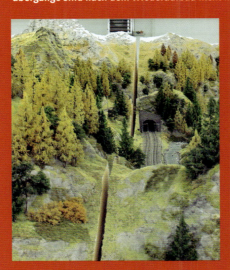
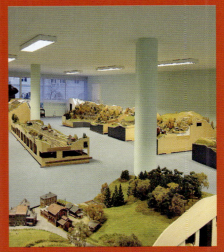

2 Material-Auswahl

Gleiswendeln lassen sich auch individuell aus Gewindestangen und Sperrholztrassen aufbauen.

Ein in Rahmenbauweise erstelltes Segment für eine eingleisige Strecke mit Landschaftsuntergrund aus Styrodur.

Die Schnittstellen der Modulanlagen müssen geometrisch und elektrisch exakt zusammenpassen (3). Daher benutzt man zum Anfertigen der genormten Kopfstücke (2) idealerweise Stahlschablonen mit Passbohrungen (1).

nehmen, damit man an einer anderen, besser zugänglichen Stelle die diffizilen Gestaltungsarbeiten bequemer und exakter ausführen kann.
Unbedingt sollte der Anlagenbauer bei der Unterbau-Konstruktion an ausreichend große Eingriffsöffnungen in die Unterwelt von unten und von der Seite her denken. Denn Betriebsunglücke passieren grundsätzlich immer da, wo man am schlechtesten hinkommt. Zur Erleichterung von Eingriffen ins verdeckte Betriebsgeschehen gehört auch, einen Mindestabstand der Ebenen von etwa 15 cm bei H0 einzuhalten, um im Schattenbahnhof notfalls auch einmal mit der Hand über Zuggarnituren greifen zu können, die ausgerechnet vor einer Unglücksstelle stehen. Ideal sind 20 bis 24 cm.

Segmentbauweise

Eine große Anlage kann man auch teilen, man spricht dann von einer Segmentanlage. Sie besteht in der Regel aus mehreren kleineren Spantenkästen, die für den Betrieb miteinander verbunden werden. Wichtig ist dabei, dass die Nahtstellen benachbarter Segmente jeweils genau das gleiche Landschaftsprofil aufweisen.
Bei den Gleistrennstellen der Segmente sind die Gleisenden besonders stabil zu halten, da sie sonst beim Transport verbogen werden könnten. Das kann beispielsweise durch Auflöten der Profile auf Schraubenköpfe oder Pertinax geschehen. Auf Weichen oder Kreuzungen an Segment-Trennstellen sollte man möglichst verzichten.

Modulbauweise

Lassen sich die Segmente immer als bequemer zu bauende und zu handhabende Einzelbestandteile einer größeren, themenbezogen strikt zusammengehörenden Modellbahnanlage definieren, geht ganz im Gegensatz dazu die Modulbauweise thematisch viel freiere Wege. Dieser Sachverhalt drückt sich meist auch darin aus, dass Anlagensegmente von einem Erbauer erstellt werden, Module dagegen von mehreren. Da kann es z. B. innerhalb von Clubs zu regelrechter Arbeitsteilung kommen, wenn der eine etwa Stadtmodule besonders gern und gut baut und der andere sich eher in der Landschaftsgestaltung oder im Erstellen von Bahnbetriebswerken verwirklicht.
Für den reibungslosen Betrieb nebeneinander geschalteter Module sind ebenso wie bei den Segmenten einer Anlage geometrisch und elektrisch genau miteinander übereinstimmende Schnittstellen notwendig. Um möglichst freizügig Module verschiedener Erbauer im Rahmen einer größeren Anlage gleichzeitig betreiben zu können, haben sich verschiedene Modellbahn-Organisationen und Clubs darum bemüht, Normensysteme für Module zu erarbeiten. Diese Normen weisen teilweise signifikante Unterschiede sowohl in einer Reihe von Maßen wie in den elektrischen Anschlüssen und Schaltungen auf. Auch wenn aus Modulbauerkreisen immer wieder Forderungen zur Vereinheitlichung der Normen zu hören sind, wird eine Erfüllung wohl auf sich warten lassen. Modulanlagen eignen sich hervorragend für die freie Kombination unterschiedlicher Themen und

bilden fast die Idealform einer Modellbahnanlage. Man kann einzelne Module aus einer bestehenden Anlage herausnehmen und sie mit Clubanlagen oder Freunden zu neuen Konstellationen zusammenfügen. Andererseits hat man daheim bei beengten Platzverhältnissen dennoch die Möglichkeit, sich bei einem Modul modellbauerisch und später auch ein wenig spielerisch mit seinem Hobby beschäftigen zu können. Und bei gelegentlichen Teilnahmen auf größeren Modultreffen wird aus dem Einzelmodul schließlich eine Großanlage. Bei den Holzarbeiten an den Modulen ist Wert auf eine möglichst stabile Ausführung zu legen, damit bei Transporten nichts verzogen oder zerstört wird. In gleicher Weise wie bei den Segmenten ist es ungünstig, in Schnittstellenbereichen Weichen zu installieren. Das würde die Verbindung nur unnötig komplizieren.

Goldene Regeln

1. Jede Anlage braucht einen stabilen Grundrahmen aus Holz.
2. Für die Fahrwege genügen Trassenbretter, dadurch ergeben sich neben einer Materialersparnis zusätzlich bessere Zugriffsmöglichkeiten von unten.
3. Aus Gewichtsgründen ist eine Leichtbauweise, z. B. Styrodurplatten kombiniert mit der Rahmenbauweise, stets ratsam und aus Transportgründen sogar geboten.
4. Die Anlage sollte standfest und verdeckte Abschnitte jederzeit gut erreichbar sein.

Werkzeuge und Materialien:

- Gleisschablonen im Maßstab 1:1
- Metermaß, Bleistift, Taschenrechner
- Wasserwaage
- Großer Anschlagwinkel, Geodreieck
- Sperrholz- und Tischlerplatten in verschiedenen Stärken
- Wasserfester Holzleim und Kontaktkleber
- Diverse Spax- und metrische Schrauben
- Schraubendreher und -schlüssel
- Diverse Holzraspeln und Feilen
- Kreis- und Stichsäge, Akkuschrauber

Größere Anlagen entstehen am Besten auf einem Unterbau aus Segmenten. Sie bleiben dann im Falle von Umzügen etc. transportabel.

Modulmaße im Vergleich

	NEM	BEF Hauptbahn	BEF Nebenbahn	Eisenbahnfreunde Breisgau	Eisenbahnfreunde Breisgau	Eisenbahnfreunde Breisgau	FREMO Regelspur	FREMO Regelspur	FREMO Regelspur	FREMO Privat	Wuppermodule
Fußboden bis Schienenoberkante	1000-1300	1000	1000	1200	1200	1200	1300	1300	1300	1300	1000
Modulsüdseite am Kopfstück	–	100	190	100	100	k. A.	137	175	95	80	200
Trassenbrett am Kopfstück	–	190	190	100	100	200	195	195	104	80	200
Modulnordseite am Kopfstück	–	240	240	100	100	k. A.	242	175	95	80	20
ultiefe	A	500	500	600	600	600	500	500	500	mind. 300	600
hl der Gleise	–	2	1	4	2	1	1	1	1	1	2
des ersten Gleises (Modulsüdseite)	–	193	250	symm.	symm.	symm.	250	250	250	mind. 150	277
smittenabstand	NEM	57	–	50/70/50	50	–	–	–	–	–	46
mart	–	GL u. WS	GL u. WS	GL	GL	GL	GL	GL	GL	GL	GL
smaterial	–	Märklin K	Märklin K	Roco Line	Roco Line	Roco Line	Code 83	Code 83	Code 83	Code 75	Roco Line

2 Verbindungen von Anlagen

Gleisenden an Segmentübergängen sollten zur Stabilität auf fest verschraubte Pertinaxstreifen gelötet werden. So kann bei mehrmaligem Transport kein Gleisende versehentlich beschädigt werden.

Lösbare Verbindungen sind nicht nur im Modul- oder Segmentbau wichtig, sondern auch bei permanent aufgebauten Anlagen. Auch hier sollte man möglichst viele Anlagenteile lösbar gestalten, um sich bei Demontagen für Umzüge oder Erweiterungen die Arbeit zu erleichtern.

Als Verbindungsmaterial verwendet man Schloss- oder Maschinenschrauben mit ausreichend großen Unterlegscheiben und Flügelmuttern. Beim Bohren der Verbindungslöcher ist auf eine 100-prozentige Übereinstimmung zu achten. Damit die Bohrungen bei häufiger Nutzung nicht ausschlagen, können sie zusätzlich mit Metallbuchsen versehen werden. Außerdem sind zusätzliche Führungen mit Zentrierstiften ratsam, um die Belastungen zu verteilen. An unzugänglichen Stellen kann man auch die Durchgangsbohrung auf einer Seite durch einen Messingdübel, auch Einschlaghülse genannt, ersetzen.

Zusätzlich sind ausreichend große Löcher für die notwendigen Kabelverbindungen zwischen den einzelnen Anlagenteilen vorzusehen.

Gleisabschlüsse

Ebenso wichtig wie sicher verbundene Modulenden ist eine taugliche Befestigung der Gleise. Bettungsgleise wie Märklin/Trix oder Roco geoline lassen sich bündig und hinreichend stabil verschrauben. Sie besitzen zu diesem Zweck sogar entsprechende Vertiefungen im Bettungskörper. Und solange die serienmäßigen Schienenverbinder beim Transport oder der Lagerung ausreichend geschützt sind, bleiben auch die elektrischen und mechanischen Verbindungen erhalten. Dies ist vor allem für die exakte Ausrichtung der Gleise und Module unverzichtbar.

Vorbildgerecht eingeschotterte Modellgleise haben in ihrem Schotterbett naturgemäß nicht solch einen stabilen Halt und reißen bei mechanischer Überlastung an Anlagenkanten schnell aus ihrem Schwellenband heraus. Aus diesem Grund gibt es spezielle Gleisaufnahmen zum Verschrauben. Alternativ ist es gängige Praxis, Modul- und Anlagenkanten mit Streifen von Leiterplatten zu gestalten und die Gleisenden darauf zu verlöten. Durch Einfräsen einer schmalen Rille wird bei Gleichstrom die sichere elektrische Trennung der beiden Schienenprofile gewährleistet. Nach entsprechender farblicher Behandlung der Übergangsstellen und obligatorischem Einschottern fallen die Sicherungsmaßnahmen kaum auf.

■ Goldene Regeln

1. Die Schnittstellen, z. B. bei Gleisübergängen, müssen klar definiert und belastbar sein. Elektroleitungen sollten gängigen Farbcodes entsprechen.

2. Das Übernehmen einer weit verbreiteten Anschlussnorm, etwa Fremo, garantiert bei Modulen problemlose Anschlüsse an Fremdanlagen.

3. Die Gleismaße und die analoge oder digitale Ausstattung bestimmen die Kombinationsmöglichkeiten mit Dritten.

4. Die mechanischen Verbindungen, vor allem bei Modulen, sollten leicht lösbar und justierbar sein.

Bau der Anlage

Durch ausreichend dimensionierte Seitenwandlöcher werden die elektrischen Leitungen vom Nachbarmodul herbeigeführt und mit Klemmsteckern mit der vorhandenen Elektrik verbunden.

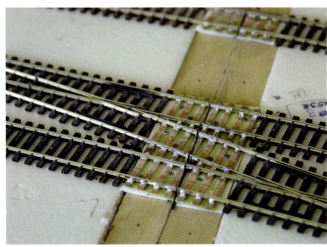

Die Pertinax-Methode an Anlagenübergängen: Die Gleisprofile werden auf Kupferstreifen aufgelötet. Die Schwellenimitation erhält man durch Längsfräsungen der Pertinaxplatten.

Nach dem Einschottern sind die Modultrennkanten nicht mehr zu sehen. Der Steinschotter füllt die Zwischenräume der ausgefrästen Schwellen aus.

Die hier gezeigten Gleisübergänge befinden sich in dem unten gezeigten Anlagenausschnitt.

2 Abstellmöglichkeiten

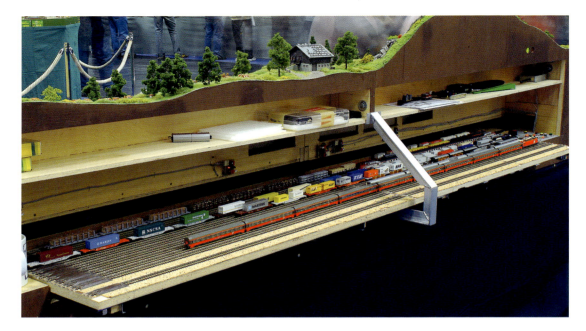

Die einfachste Form eines verdeckten Abstellbahnhofes ist ein verschiebbares Trassenbrett. Eine entsprechende Steuerung würde auch einen automatischen Betrieb erlauben.

Ohne jedwede Gestaltung kommt dieser Endbahnhof, auch Fiddle Yard genannt, aus. Die Drehscheibe ersetzt die Weichenverbindung und erlaubt das vorbildgerechte Wenden der Zugloks.

Schubkästen mit Gleisen und einfacher elektrischer Verbindung mittels Kupferfedern erlauben einen schnellen Zugwechsel.

Oftmals gibt es mehr Zuggarnituren als Platz auf einer Modellbahnanlage. Wohin mit den Zügen, die man ja doch immer wieder einsetzen möchte? Die Lösung für dieses Problem ist ein verdeckter Zugspeicher. Für dieses unsichtbare Depot hat sich der Begriff „Schattenbahnhof" eingebürgert, was nichts anderes heißen soll, als dass dieser Bahnhof keine optischen, sondern im Wesentlichen nur betriebstechnische Funktionen erfüllt.

Der Bau eines Schattenbahnhofs hat selbstverständlich Konsequenzen für die gesamte Unterbau-Konstruktion. Die für größere Anlagen unabdingbaren Einstiegsöffnungen dürfen mit dem für den Schattenbahnhof vorgesehenen Raum natürlich nicht kollidieren.

Schattenbahnhöfe lassen sich in unterschiedlichen Ebenen einrichten. Grundsätzlich weist eine Unterbau-Konstruktion mindestens zwei Ebenen auf, eine sichtbare, auf der die Züge fahren, und eine verdeckte (untere), auf der man die Züge abstellen kann.

Noch vielseitiger und interessanter wird das System mit drei oder noch mehr Ebenen, wenn dabei zwei dieser Etagen als „Zugremise" verwendet, wenn also Schattenbahnhöfe in unterschiedlichen Stockwerken angelegt werden. Unbedingt sichergestellt werden muss dabei ein funktionssicheres Abtauchen der Züge in den Untergrund, was sich – zumindest für die unterste Etage – oft mit dem Einbau einer Gleiswendel bewerkstelligen lässt. Deren Durchmesser sollte man nicht zu klein wählen (mindestens 120 cm), da sonst lange Züge nicht mehr die Steigung hochkommen.

Ein solches Zugdepot hat außer seiner Speicherfunktion noch weitere Funktionen. So kann der Schattenbahnhof als Zielpunkt für einen sinnvollen Modellbetrieb fungieren. Statt eines vorbildwidrigen Kreisverkehrs, bei dem die Züge nie aus der Richtung zurückkommen, in die sie verschwunden sind, kann der Schattenbahnhof vorbildorientierten Betrieb verwirklichen helfen.

Bei der bekanntesten Form von Schattenbahnhöfen wird das Durchgangsgleis, das in die Tiefe geführt hat, einfach zu einer Gleisgruppe aufgefächert. Hierdurch entstehen, ähnlich wie bei einem richtigen Bahnhof, fiktive Bahnsteige mit Platz für komplette Züge.

Baut man den Schattenbahnhof trapezförmig, werden die Gleise zur Spitze des Trapezes hin immer kürzer, mit der für freizügigen, individuellen Betrieb nachteiligen Folge, dass die Züge aufgrund ihrer Länge festen Gleisen zugeordnet werden müssen. Wird die Gleisharfe dagegen wie ein Parallelogramm gebaut, entstehen gleich lange Gleise, jeder Zug passt in jedes Gleis.

Aufrückbahnhof

Bei einem sogenannten Aufrückbahnhof spart man sich in der Regel die Weichen, kann dafür aber seine Züge nicht freizügig wechseln lassen, sondern fährt in einer festen Reihenfolge. Der Grund: hier liegen nämlich die Abstellbereiche für die Züge alle hintereinander auf nur einem Gleis. Ähnlich wie im Blockstellenbetrieb der Bahn schaltet dann der erste Zug, der die vorderste Blockstelle verlässt, den nächsten hinter sich frei. Diese Schattenbahnhofsform sollte man zweckmäßigerweise mit einer Überholmöglichkeit versehen.

Eine ähnliche Funktion erfüllen auch auf der Strecke eingerichtete Blockstellen. Sie erlauben zwar höhere Zugzahlen, schränken aber die Freizügigkeit des Verkehrs stark ein, wenn die „berühmte" Probefahrt mit der neuen Lokomotive unternommen werden soll. Hierzu müssten dann erst alle Blockstellen freigeräumt werden, ein recht mühsames Unterfangen.

Bau der Anlage

Fiddle Yard

Vor allem in England nutzt man vornehmlich auf Modulanlagen und Betriebsdioramen einen weiteren Weg zur Abstellung der Züge: den Fiddle Yard als spezielle Form eines Endbahnhofes. Dieser betriebswichtige Teil ist nicht in die Anlage integriert, sondern bewusst außerhalb.

Die Gleise liegen ungeschottert auf dem Anlagengrund, allenfalls mit Kork zur Geräuschdämmung unterlegt. Auf Weichen wird allein der Kosten wegen verzichtet, eine große Drehscheibe oder Schiebebühne, von Hand betätigt, sorgt für die notwendige Wagen- und Lokverteilung. In diesem Bereich kann man auch mit den Händen eingreifen, um Wagen von der Anlage zu nehmen oder neue aufzugleisen.

Der Endbahnhof ist deshalb durch eine Kulisse, beispielsweise eine Brücke, ein Tunnel oder ein Waldeinschnitt vor einer Trennwand, optisch von der restlichen Modellanlage abgetrennt.

Der Fiddle Yard in Form einer Drehscheibe oder Schiebebühne ist mit wenigen Mitteln rasch erbaut und später universell an jedes Modul mit den gleichen Steck- und Gleisanschlüssen ansetzbar.

Einen drehbar gelagerten Abstellbahnhof zentriert man exakt mittig. Alle darauf befindlichen Flexschienen werden einzeln ausgerichtet. Als einfache Verriegelung dient ein Türschieberiegel, der in eine normale Schraube greift. Nur das gerade befahrene Gleis erhält über simple Stromklemmen gezielt seine Spannungsversorgung. Eine über alle Gleisenden querliegende Leiste dient zur Sicherheit als Prellbock und kann bei Abfahrt eines Zuges in Richtung Anlage jederzeit beiseite gelegt werden.

Sicherheit vor Schönheit

Bei der Wahl des Gleismaterials gelten für Schattenbahnhöfe die gleichen Bedingungen wie für alle anderen verdeckten Anlagenteile: Sicherheit zählt mehr als strenge Maßstäblichkeit und Schönheit. So kann man auf kostengünstiges oder älteres, optisch nicht mehr ansprechendes Gleismaterial mit hohem Schienenprofil oder Weichen mit steilen Abzweigwinkeln zurückgreifen, solange es noch absolut betriebssicher ist.

■ Goldene Regeln

1. Aufwendige Detaillierung ist nicht gefragt, es genügen einfache Gleise.
2. Radien und Steigungen von Zufahrtsrampen müssen von der schwächsten Lok oder dem längsten Zug sicher durchfahren werden.
3. Die Abstellgleise sollten auch den längsten Zug aufnehmen können.
4. Der Abstellbahnhof sollte staubgeschützt sein und einen raschen Zugriff erlauben.

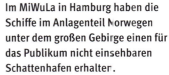

Im MiWuLa in Hamburg haben die Schiffe im Anlagenteil Norwegen unter dem großen Gebirge einen für das Publikum nicht einsehbaren Schattenhafen erhalten.

Bei Anlagen werden zuerst die Schattenbahnhöfe errichtet, über die später die Anlage gestülpt wird. Große Gleislängen erlauben das Abstellen vorbildgerecht langer Züge.

Im Schattenbahnhof reichen oft einfache Standardgleise aus. Dafür sollten aber die elektrischen Kabel sauber und übersichtlich verlegt sein, um bei eventuellen späteren Störungen schnell den Fehler finden zu können.

2 Elektrik und Beleuchtung

Eine gleichmäßig ausgeleuchtete Anlage verspricht höchsten Schaugenuss und erlaubt dem Betrachter erst die Entdeckung feinster Kleinigkeiten.

Kräftige Ringleitungen versorgen an mehreren Stellen Gleise und Anlage mit Strom.

Eine übersichtliche Anordnung von Antrieben und Steuerbausteinen sowie Kabelführungen ist für eine rasche Wartung unabdingbar.

Bei den meisten Modellbahnanlagenbauern ist ein Bereich in ihrem Hobby mit Abstand am wenigsten beliebt: die Elektrik. Die Ursache ist sicherlich in den mangelnden Kenntnissen zu Beginn der Elektrifizierung zu finden. Daher zitiert die Werbung der Anbieter von digitalen Bausteinen häufig das Argument, dass mit einer digitalisierten Modellbahnanlage deutlich weniger Verdrahtungsaufwand betrieben werden muss.

Doch die Praxis sieht etwas anders aus, und ist zum Glück nicht so kompliziert. Am Anfang steht natürlich die Kernfrage: Soll die Anlage komplett digital gesteuert werden oder beschränkt man sich auf die digitale Ausstattung der Triebfahrzeuge. Diese Entscheidung wird beeinflusst von der Art der Steuerung des Fahrbetriebs. Legt man großen Wert auf Rangieren und ist die Anlage nicht sehr groß, das gilt vor allem für Modulbesitzer, kann man getrost auf die teure Digitaltechnik samt ihrer Programierbarkeit am Computer verzichten. Soll jedoch eine größere Anlage gebaut werden, bietet sich eine digitale Schaltung der Anlagenkomponenten an. Auch die Steuerung mit Hilfe eines Computers ist dann denkbar.

Die übersichtliche Leitungsverlegung unter der Anlage ist letztendlich das A und O. Klar erkennbare Leitungsstränge erlauben ein problemloses Verfolgen der Stromwege, was vor allem bei einer eventuell auftretenden Störung der Fall ist. Klar definierte Leitungsfarben für einmal festgelegte Funktionen oder Arten von Einspeisungsstellen sind genauso wichtig wie eine sorgfältige Dokumentation der Elektrik auf Papier.

Manchmal muss man einen defekten elektrischen Baustein austauschen. Die Anschlussleitungen sollten daher stets durch Lüsterklemmen oder Steckverbindungen abtrennbar sein. Lange Leitungsstränge, wegen ihrer größeren Flexibilität möglichst aus Schaltlitze, können geschützt in Leitungskanälen verlegt sein, was vor allem bei transportablen Modulen oder Anlagen vor versehentlichem Abreißen beim Transport schützt.

Bei herausnehmbaren Anlage-Teilen oder Modul-Anlagen sind kontaktsichere elektrische Steckverbindungen die Grundvoraussetzung für einen reibungslosen Betrieb. Verbindungen zwischen zwei Modulen durch Löten der einzelnen Drähte oder mittels Lüsterklemmen herzustellen ist jedoch umständlich, vor allem, wenn die Module wieder getrennt werden sollen.

Am einfachsten lassen sich elektrische Verbindung mit den altbekannten Bananensteckern herstellen und wieder trennen. Bei Bananensteckern und den dazu passenden Kupplungen besteht bei mehradrigen Verbindungen allerdings immer die Gefahr von Verwechslungen. Kurzschlüsse durch versehentlich freiliegende Bananenstecker sind ein weiterer Nachteil dieser einfachen elektrischen Verbindung.

Moderne, mehradrige Steckverbindungen gibt es in einer Polzahl von zwei bis fünfzig, mit und ohne Gehäuse. Sie sind so konstruiert, dass sie nur in einer Position verdrehsicher zusammengesteckt werden. Das schließt Fehlkontakte und Kurzschlüsse mit hoher Sicherheit aus. Die bekannteste Steckverbindung ist die Sub-D Type aus dem Computerbereich. Der Nachteil dieser sehr filigranen Bauart: Bei etwas rauher Handhabung können die Pins leicht verbogen werden.

Beim Betrieb von Modellbahnen ist – auch in Abhängigkeit von der verwendeten Spurweite – mit unterschiedlich hohen Strömen zu rechnen. Bei der Baugröße H0 treten Stromstärken zwischen 300 mA bis über 1 A auf. Die Stromstärke hängt ab vom Motortyp der eingesetzten Fahrzeuge (Standardmotor oder Faulhaber-Glockenankermotor), von der Anzahl der im Betrieb befindlichen Fahrzeuge und zusätzlichen Stromverbrauchern wie Spitzenlicht, Innenbeleuchtung usw. Bei Stromstärken über 1 A sollten Messersteckverbindungen zum Einsatz kommen. Sie können Stromstärken von bis zu 5 A verkraften. Sub-D-Stecker werden nur bei Verbindungen eingesetzt, die mit Stromstärken unter 1 A belastet sind. Sie eignen sich ideal für die Steuerleitungen von Weichen und für Gleiseinspeisungen bei Baugrößen, die kleiner als 0 sind. Ist nicht auszuschließen, dass doch gelegentlich höhere Stromstärken auftreten, empfiehlt es sich, zwei oder mehrere Kontakte parallel zu schalten, um die Belastung eines Kontakts zu reduzieren.

Ringleitung gegen Störungen

Die Ringleitung verbindet die digitale Schaltzentrale und beim analogen Betrieb die Trafos mit den Verbrauchern, verteilt auf der gesamten Modellbahnanlage. Theoretisch ist der Stromkreis auch mit einer einzigen Anschlussstelle an einem Gleis geschlossen. Mit zunehmender Entfernung von der Einspeisungsstelle ergeben sich aber Spannungsverluste, wenn lediglich die Gleise zur Stromweiterleitung und -verteilung dienen. Das liegt an den Übergangswiderständen der Schienenstöße und beim Märklin-System zusätzlich der Mittelleiter.

Diese Widerstände sind immer vorhanden, unabhängig von der Stromart oder dem verwendeten Gleissortiment. Nur wirken sie sich beim Digitalsystem unter ungünstigen Umständen stärker aus. Fährt auf einer konventionellen Anlage die Lok mit zunehmendem Spannungsverlust am Gleis einfach langsamer oder bleibt ganz stehen, so kommt beim digitalen Verbraucher die Steuerinformation möglicherweise nicht oder unvollständig an und wird nicht verstanden.

An mehreren Stellen geben die Ringleitungen Bahnstrom und Digitalinformationen an die Gleise ab. Um eine gute elektrische Stromleitung vom Transformator zur Lokomotive zu erreichen, sollte daher der Bahnstrom ungefähr im Abstand von zwei Gleismetern neu eingespeist werden.

Die normalen Kupferlitzen reichen bei kleinen und mittleren Anlagen aus, um die maximale Ausgangsleistung des Transformators zu übertragen. Bei größeren Anlagen jedoch, die einen höheren Bedarf an elektrischer Energie haben, sind die dünnen Litzen überfordert. Besser ist hier ein dickeres Kabel ab 0,5 mm^2 Querschnitt, um die Anlage ausreichend zu versorgen. Diese Kabel sind auch das Richtige für die Ringleitung.

Der Stromverbrauch einer Modellbahnanlage ist für die Anzahl der benötigten Digitalgeräte, insbesondere der Leistungsverstärker oder „Booster" genannt, von großer Bedeutung. Denn jedes Digital- oder Analoggerät benötigt elektrische Leistung, um seine Arbeit zu verrichten.

Anlagenausleuchtung

Wichtig ist neben der Elektrik zum Anlagenbetrieb auch die zur Ausleuchtung der Anlage Hier gibt es für den Erfindungsreichtum des Modellbauers keine Grenzen. Zu den bekanntesten Lösungen gehören Lichtkästen oberhalb der Anlage. Im Inneren findet sich häufig die Beleuchtungsinstallation. Mit Glühlampen, Neonröhren oder Spotlights wird die Modelllandschaft nebst Fahrzeugen buchstäblich ins rechte Licht gerückt.

Dabei ist aber zu beachten, dass abhängig vom gewählten Lampentyp die Farben auf der Anlage anders wahrgenommen werden. Leuchtstoffröhren wirken je nach verwendetem Röhrentyp oft kälter als etwa Glühlampen. Letztere haben wiederum den Nachteil, die Anlage nur punktuell auszuleuchten. Tageslicht-Neonröhren sind die bessere Wahl und produzieren zudem wenig Wärme.

Jüngster Trend bei der Anlagenausleuchtung ist die Digitalisierung. Uhlenbrocks Intellilight erlaubt beispielsweise die Simulation von Tag und Nacht nebst Gewittern, was den optischen Reiz einer Anlage weiter erhöht.

Goldene Regeln

1. Die gesamte Anlage sollte für den Betrachter möglichst gleichmäßig ausgeleuchtet werden.
2. Die Verdrahtung muss übersichtlich und eindeutig sein.
3. Eine gründliche Dokumentation ist für die spätere Wartung und Ergänzung auch nach Jahren unabdingbar.
4. Ausreichende Kabelquerschnitte sind ebenso vorzusehen, wie eine Ringleitung zur Stromeinspeisung.
5. Bewegliche Leitungen, beispielsweise bei Steckverbindungen, sollten aus Litze anstatt Draht aufgebaut werden.

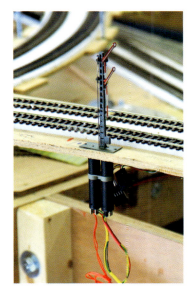

Bei Signalen muss bei verschlungener Gleisführung die Einbautiefe der Antriebe berücksichtigt werden.

Tiefere Anlagen benötigen mehrere Lichtleisten (oben), während schmale Module mit einer Lichtreihe schon gut ausgeleuchtet werden können.

3. Rund ums Gleis

Für höchste Ansprüche genügt es nicht allein, ein perfektes Gleis zu gestalten, auch das gesamte Umfeld mit den berühmten Kleinigkeiten muss stimmig sein.

Die Wahl des Gleissystems spielt für das Erscheinungsbild wie auch den Betrieb einer Modellbahn eine entscheidende Rolle. Die Bandbreite ist groß und reicht vom Hobby-Gleis mit Kunststoff-Bettungskörper und großen Weichenwinkeln für geringen Platzbedarf bis hin zum exakt maßstäblichen Selbstbaugleis mit Holzschwellen und Schienennägeln. Zudem wirkt sich die Gleisgeometrie auch auf die Fahrzeuge aus: Selbst heutige Standardfahrzeuge mit Radsätzen nach RP25-Norm sind für exakt maßstäbliche Gleise wegen immer noch zu hoher Spurkränze nicht geeignet und Anhänger des Märklin-Dreileiter-Systems müssen auch die optisch nicht immer ansprechende (z. B. bei Untersuchungsgruben) ständige Verfügbarkeit des Mittelleiters zur Stromabnahme beachten.

3 Material und Gestaltung

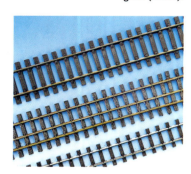

Die wichtigsten Werkzeuge zum Gleisbau sind neben Trennscheibe und Seitenschneider vor allem Lötkolben und Zangen. Der Maßstab dient zur Kontrolle der Gleisabstände.

Unterschiedlich sind die Schwellenabstände bei Ho-Normalspurgleis (oben), Ho-Dreischienengleis für parallelen Regel- und Schmalspurbetrieb (Mitte) sowie Hoe- Schmalspurgleis (unten).

Gleissysteme und ihre Möglichkeiten

Märklin hat gleich zwei verschiedene Gleissysteme in seinem Programm: Das K-Gleis mit Kunststoffschwellen zum Selbsteinschottern und das neuere C-Gleis mit einer strukturierten Kunststoffbettung. Eingestellt wurde die Fertigung der alten, metallenen M-Gleise mit aufgedrucktem Schotterbett.
Roco als Marktführer im Gleichstromsektor bot unter dem Namen Roco Line ein Gleis mit Bettung, allerdings aus weichem Kunststoff, an.

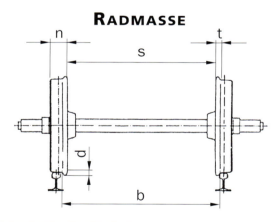

RADMASSE

Genormte Radmaße für Ho:

	1:87	NEM	RP 25	Ho pur
Spurmaß b	16,21 - 16,39	min. 14,3		16,3 - 16,4
Radreifenbreite n	1,49 - 1,72	min. 2,8	2,03	1,55
Spurkranzdicke t	0,23 - 0,38	0,7 - 0,9	0,76	0,37 - 0,4
Spurkranzhöhe d	0,29 - 0,44	max. 1,2	0,63	k. A.
Abstand s (Radfläche innen)	15,59 - 15,67	min. 14,3		15,55 - 15,6

Angaben in mm

Hier konnte das Gleis gegebenenfalls aus dem Bett abgezogen werden, so dass man ein ganz konventionelles Roco-Gleis ohne Bettung erhielt. Dieses ist heute noch verfügbar. Im Sortiment befinden sich unterschiedliche Weichenlängen, so dass man annähernd vorbildgerechte Weichenabzweigungen erstellen kann. Die Gleisprofilhöhe beträgt 2,1 mm. Daneben gibt es mit geoLine ein neues Roco-Bettungsgleis mit vorbildgerechtem Querschnitt, allerdings ohne Profilierung des Schotterbettes. Es ist daher eher für Einsteiger geeignet.
Die Tillig-Elite-Gleise, gleichfalls für Gleichstrombetrieb, zeichnen sich durch ein Gleisprofil gemäß Code 83 aus. Als einziger Großserienproduzent stellt Tillig die Weichenzungen als geschlossene Schienen dar, die vom Herzstück aus vorbildgerecht als Ganzes hin und her geschoben werden. Der dazu passend angebotene Motor ist für den Einbau unter der Anlage ausgelegt. Die Weichen sind auch kostengünstig als leicht montierbare Bausätze im Fachhandel erhältlich.
Bei den anderen Spurweiten, also 2, 1, 0, TT, N und Z, sind sich aber alle Hersteller bei der Stromwahl einig: Gefahren wird nur mit Zweileiter-Gleichstrom.

Geteilte Weichenzungen falsch?

Viele Modellbahner bemängeln die geteilten Zungen bei den meisten Weichen und stellen sie als falsch dar. Falsch ist aber nur die Sichtweise: Vor allem auf Nebengleisen und innerhalb von Anschlussbahnen ist es sehr oft üblich, dass Weichenzungen geteilt sind. Bei hoher Abnutzung können sie schnell getauscht werden und gleichzeitig entfällt der teurere Herzstückausbau. Lediglich in Hauptgleisen nutzt man immer durchgehende Weichenzungen, weil diese den Belastungen bei hohen Geschwindigkeiten besser gewachsen sind.

Schienenprofile

Beim Vorbild hat man je nach Verwendungszweck und nach geforderter Achslast auf den Strecken verschieden belastbare Gleise verlegt. Sie unterscheiden sich vor allem in der Profilhöhe und Querschnittsbreite. Auf Hauptbahnen liegen dicke und schwere Profile, während auf den einfachen Nebenbahnen und bei Schmalspurstrecken deutlich zierlichere Profile montiert worden sind.
Auf der Modellbahn kann man diese Unterscheidung auch treffen, da unterschiedliche Profile angeboten werden. In der Regel verwendet man dabei aber aus Gründen der Betriebssicherheit nur das Gleissystem von einem einzigen Hersteller.
Zierliche Modellgleise unter der Profilhöhe von Code 83 verlangen niedrige Spurkränze, deren Abmessungen denen von RP 25 entsprechen.

Rund ums Gleis

Bislang hat kein Großserienhersteller konsequent Räder und Gleise auf die Maße unterhalb von Code 83 abgestimmt. Hier ist man auf den Gleisselbstbau und einen dann erforderlichen, kostenintensiven Radtausch angewiesen.

Vergleicht man in der nebenstehenden Tabelle die geläufigen Maße eines Rades mit den exakten Maßen in 1:87, so fallen zum Teil gravierende Abweichungen auf. Sie sind systembedingt, denn die 1977 festgelegten Normen gemäß NEM 310 und 311 (heute immer noch Industriestandard) berücksichtigen auch Dimensionen von Rädern und Gleisprofilen, die noch aus der Zeit der Modellbahn-Kinderstube stammen.

Noch heute sind H0-Gleise nach NEM-Norm im Gebrauch, die eine Profilhöhe von gut 2,5 mm aufweisen. Umgerechnet würde so eine Schienenhöhe von 217,5 mm im Vorbild entstehen. Tatsächlich misst aber selbst die stärkste DB-Schiene der Bauart UIC 60 von Kopf bis Fuß nur 172 mm. Für den Maßstab H0 ergibt sich daher rechnerisch eine Profilhöhe von 1,98 mm. Passend wäre also annähernd Code 83 mit 2,1 mm Schienenhöhe.

Der überwiegende Teil des Schienennetzes ist beim Vorbild jedoch nur mit Schienen der Bauart S 54 ausgestattet. Die Original-Profilhöhe beträgt 154 mm, im Maßstab 1:87 demnach nur 1,78 mm. Diesem Wert entsprechen bei der Modellbahn Gleise nach der Norm „Code 70", die ursprünglich aus Amerika stammt.

Einige Anbieter haben Gleissysteme nach dieser Norm in ihrem Angebot, die jedoch ein gemeinsames Problem haben: Die Spurkränze sämtlicher Großserienmodelle sind zu hoch. Und so holpern sie über die Schienennagel-Imitationen und machen einen reibungslosen Betrieb unmöglich. Dieser Umstand hat leider Konsequenzen: Man muss bei seinen Fahrzeugen alle Räder nach RP-25-Norm abdrehen, was Werkzeug und Lehren voraussetzt und sich je nach Fahrzeugbestand zu einer „Lebensaufgabe" entwickeln kann. Alternativ können alle Modelle in Fachwerkstätten abgedreht werden, oder man kauft Austauschradsätze und baut sie selbst in die Fahrzeuge ein.

Gleisselbstbau

Einzig H0 pur® von Willy Kosak versucht, auch maßstäbliche Räder unter die Fahrzeuge zu setzen, jedoch mit dem Erfolg, dass man die normalen Industriegleise nicht mehr verwenden kann, sondern auf teure Kleinserienprodukte oder den kompletten Selbstbau angewiesen ist.

Eine vollständige Anlage mit Selbstbaugleisen auszurüsten, lohnt sich sicherlich nicht. Aber wer ein besonders gut gelungenes Lokmodell in seinen Fuhrpark aufnimmt, möchte ihm auch einen Ehrenplatz auf der Anlage gewähren, beispielsweise auf einem Gleisstück, das gut einzusehen ist.

Praxistipp
Zum Anzeichnen der Trassenbretter bewährt sich ein mit einem Stiftehalter bestückter Güterwagen, der über die Gleise geschoben wird.

Ein professionell nachgestaltetes Gleis mit den üblichen Spuren von Rost und Öl sowie vorbildlicher Bettung mit Kilometerstein.

Bei stationären Anlagen werden Anschlusskabel direkt mit den jeweiligen Gleisen verlötet.

Empfohlene Schienenprofile:

	Code 125	Code 100	Code 83	Code 70	Code 55	Code 40
Profilhöhe	3,0 mm	2,5 mm	2,0 mm	1,8 mm	1,4 mm	1,0 mm
Profilbreite Fuß	2,7 mm	2,2 mm	1,8 mm	1,6 mm	1,3 mm	0,9 mm
Profilbreite Kopf	1,3 mm	1,1 mm	0,9 mm	0,8 mm	0,7 mm	0,5 mm
Hauptbahn Ep. 4-5	–	S, H0	**H0**, TT	TT, N	N, Z	Z
Hauptbahn Ep. 1-3	O	–	**H0**	**H0**	–	Z
Nebenbahn Ep 3-5	O	–	S	**H0**	–	Z
Nebenbahn Ep. 1-3		–	S	**H0**, TT	H0	Z
Schmalspur Ep. 4-5	O	Sm	H0m	H0m	TTm, Nm	Nm
Schmalspur	om, oe	oe	of, Sm, Se	Sf, H0m, H0e	H0m, H0e, TTm, TTe	H0f, Nm

Spurweite bei annähernd maßstäblicher Profilhöhe fett gesetzt

3 Material und Gestaltung

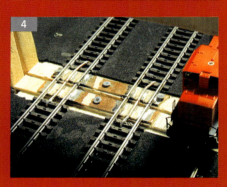

Gleisnägel bilden Schallbrücken (1). Besser ist die Gleisverklebung auf Moosgummi. Eine Lehre sorgt für gleichmäßige Abstände (2). An Trennkannten werden die Gleise auf Pertinax-Streifen gelötet. Wichtig sind dünne Distanzstreifen, welche den Materialverlust beim Trennen ausgleichen (3). Mittelleitergleise benötigen Kontaktbrücken (4).

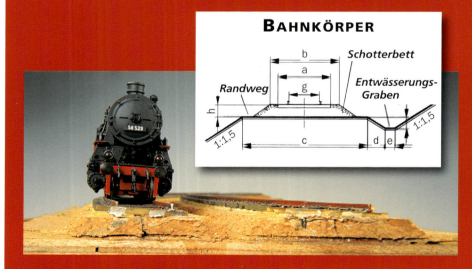

Für die gängigen Spurweiten von N bis H0 gibt es im Fachhandel fertige Bettungsstreifen aus Kork. Die Kurvenüberhöhung muss man aber selbst anfertigen.

Die Maße für korrekte Bettungen finden sich in nebenstehender Tabelle.

Dieses Gleis darf dann der Detaillierung des Lokomotivmodells angepasst sein. Auch in einer Einzelvitrine oder auf einer exponierten Paradestrecke nimmt sich ein filigran gestaltetes Gleis gut aus. Neben niedrigeren Schienenprofilen wirken sich besonders fein dargestellte Gleisbefestigungen auf das detailgetreue Aussehen der Schienenwege aus. Beim Vorbild liegen die Schienen auf Eisenplatten und sind entweder mit eisernen Schrauben oder bis zur Epoche II mit Nägeln an den Schwellen fixiert. Für beide Varianten gibt es für den Gleisselbstbau die passenden Nachbildungen aus Messingguss vom Kleinserienspezialisten Weinert.

Für die Wiedergabe der genagelten Schienenbefestigung werden durch kleine Löcher in den Schienenplatten richtige Nägelchen in die Schwellen getrieben. Die Köpfe der Nägelchen sind umgebogen und können um den Schienenfuß greifen. So ist es möglich, wirklich genagelte Schienen im H0-Maßstab herzustellen.

Während man in H0 auf eine große Auswahl verschiedener Gleise zurückgreifen kann, wird das Angebot bei den kleineren Bahnen merklich dünner, und die Maßstäblichkeit bei den Großserienprodukten verliert sich rasch.

Trasse und Schotterbett

Beim Vorbild werden die Gleise in ein Schotterbett eingelassen, um die Achsdrücke optimal auf Gleis und Unterbau verteilen zu können. Auf der Modellbahn treten vernachlässigbare Drücke auf, so dass man auf einen Unterbau durchaus verzichten könnte. Der Vorbildtreue wegen möchte man aber doch ein Schotterbett nachbilden.

Der Oberbau ruht auf einem Unterbau, der beim Vorbild eine klar definierte Form aufweist. Links und rechts des Schotterbetts befindet sich ein schmaler Randweg, der nicht bewachsen ist. Auf weichen, feuchten Untergründen verläuft das Gleisbett auf einem aufgeschütteten niedrigen Damm. Liegt die Gleistrasse an einem Hang, verläuft entlang der Bergseite parallel ein schmaler Entwässerungsgraben. Diesen typischen Querschnitt sollte man auch im Modell wiedergeben.

Querschnittmaße des Bahnkörpers (Normalspur)

Nenn-größe	g (Spurweite)	a	b	c	d	e	f	h
II	50,8 mm	93 mm	120 mm	213 mm	30 mm	14 mm	20 mm	25 mm
I	45 mm	82 mm	106 mm	188 mm	26 mm	12 mm	17 mm	22 mm
0	32 mm	58 mm	76 mm	134 mm	18 mm	9 mm	12 mm	16 mm
S	22,5 mm	40 mm	52 mm	84 mm	13 mm	7 mm	9 mm	12 mm
H0	16,5 mm	30 mm	38 mm	70 mm	9 mm	5 mm	6 mm	10 mm
TT	12 mm	22 mm	28 mm	50 mm	7 mm	4 mm	5 mm	8 mm
N	9 mm	16 mm	22 mm	38 mm	5 mm	3 mm	3 mm	6 mm
Z	6,5 mm	12 mm	16 mm	28 mm	3 mm	2 mm	2 mm	4 mm

Angaben angelehnt an NEM 122

Rund ums Gleis

Auf der Modellbahnanlage übernimmt das Schotterbett eine andere, allerdings sehr wichtige Funktion, nämlich die der Geräuschminimierung. Werden die Gleise direkt auf der Holzplatte mit Nägelchen oder Schrauben fixiert, übertragen sich die Laufgeräusche von Rad und Schiene auf das Brett, der Lauf des Zuges wird zu einem lauten Rauschen. Bei Anlagen, die in der offenen Rahmenbauweise erstellt sind, wird der Schall nach unten abgeleitet, der Unterbau wirkt dabei als Resonanzkörper. Vor allem bei Fahrten im Tunnel oder in ausgedehnten Schattenbahnhofsanlagen wird das laute Fahrgeräusch als sehr störend empfunden, denn die ganze Zeit hört man den Zug, noch dazu sehr laut, aber bekommt ihn dennoch nicht zu Gesicht. In diesen Fällen ist also eine Geräuschdämmung dringend notwendig.

Verschiedene Materialien bieten sich an, sowohl als Geräuschdämmung wie auch als vorbildnahe Wiedergabe des Gleisbettes. Am meisten verbreitet als Gleisunterlage sind Korkstreifen, deren Ränder vorbildgerecht schräg abfallen. Die Streifen werden auf dem Untergrund mit Kontaktkleber befestigt, um anschließend mit Gleis und Schotter versehen zu werden. Die Geräuschdämmung ist allerdings nur befriedigend, da der Kork in sich eine zu homogene Masse bildet, die den Schall nicht stark genug bricht. Wesentlich effektiver dagegen ist eine Schaumstoffunterlage. Darauf mit normalem Holzleim geklebter Steinschotter und Sand hebt allerdings die Wirkung wieder auf.

Die Merkur Styroplast Gleisbettung ist komplett mit winzigen Korkstückchen, die wie Schotter wirken, fertig bestreut. Die Gleise brauchen nur noch in die Schwellenvertiefungen hineingedrückt zu werden. Die Geräuschdämmung ist gut, dafür ist man allerdings auf die festgelegten Gleisgeometrien angewiesen, für die die verschiedenen Schotterbettungen speziell produziert werden. Bei hauptsächlicher Verwendung von Flexgleisen der verschiedenen Modellgleissysteme sollte man beim Anlagenbau daher eher auf die Mössmer Gleisbettungen zurückgreifen. Sie sind im gut sortierten Fachhandel zu finden.

Als weitere Alternative bietet sich auch ein selbstgebasteltes Gleisbett aus Zellkautschuk (Moosgummi) an. Im Zusammenspiel mit einem dauerelastischen Gleis- und Schotterkleber, beispielsweise von ASOA, führt dieses Material zur optimalen Geräuschdämmung auf der Anlage.

Für welche Methode man sich auch entscheidet, wichtig ist nur, dass man die Gleise weder nagelt noch verschraubt, denn über diese kleinen Verbindungen wird der Schall direkt auf das Trassenbrett übertragen, und die zuvor erzielte Geräuschdämmung ist dahin. Die Befestigung der Schienen mit Klebstoff oder Doppelklebeband ist deshalb immer dem Aufnageln vorzuziehen.

In Kurven erhalten die Gleise eine leichte Erhöhung durch Unterfüttern der Schwellen auf nur einer Seite.

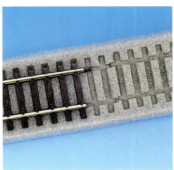

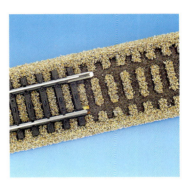

Von den Firmen Noch (oben) und Merkur (unten) werden Gleisbettungen aus Schaumstoff angeboten, die eine optimale Geräuschdämmung bieten.

Speziell für die Märklin-H0-Bettungsgleise bietet Noch eine Schaumstoffunterlage zur Geräuschdämmung an.

Querschnittsmaße des Bahnkörpers (Schmalspur)

Nenngröße	g (Spurweite)	a	b	c	d	e	f	h
IIm	45 mm	80 mm	98 mm	188 mm	–	13 mm	9 mm	22 mm
Im	32 mm	56 mm	69 mm	132 mm	–	9 mm	6 mm	16 mm
0m	22,5 mm	40 mm	49 mm	94 mm	–	7 mm	5 mm	11 mm
Sm	16,5 mm	28 mm	34 mm	66 mm	–	5 mm	3,5 mm	8 mm
H0m	12 mm	21 mm	25 mm	48 mm	–	4 mm	3 mm	6 mm
TTm	9 mm	15 mm	18 mm	35 mm	–	3 mm	2,5 mm	5 mm
Nm	6,5 mm	12 mm	14 mm	26 mm	–	2 mm	1,5 mm	4 mm
IIe	32 mm	67 mm	85 mm	136 mm	–	13 mm	9 mm	14 mm
Ie	22,5 mm	47 mm	60 mm	96 mm	–	9 mm	6 mm	10 mm
0e	16,5 mm	33 mm	42 mm	68 mm	–	7 mm	5 mm	7 mm
Se	12 mm	23,5 mm	30 mm	48 mm	–	5 mm	3,5 mm	5,5 mm
H0e	16,5 mm	17 mm	22 mm	35 mm	–	4 mm	3 mm	4,5 mm
TTe	6,5 mm	12,5 mm	16 mm	25 mm	–	3 mm	2,5 mm	3,5 mm

Angaben gemäß NEM 123

3 Material und Gestaltung

Interessante und durchaus dem Vorbild entsprechende Szenen rund ums Schottern wie diese exakt in H0 nachempfundene Gleisbaustelle an einem nachzuschotternden Abschnitt sorgen für einen zusätzlichen Blickfang auf der Anlage.

Praxistipp
Als Verlegehilfe und zum Fixieren von Flexgleisen dienen Aufsetzgewichte aus dem Sortiment von Massoth. Sie gibt es für die Nenngrößen H0, TT und N.

Die Zwischenräume bei hohem Schotterbett werden im Bahnhofsbereich mit Splitt aufgefüllt (ganz rechts).

Farbe und Größe des Heki-H0-Gleisschotters (oben) sind ansprechend, allerdings stören die gerundeten Steinchen.

Hekis Geländeschotter (Mitte) ist mehrfarbig und von unterschiedlicher Körnung. Es stört zudem die leichte Transparenz.

ASOA-Schotter (unten) hat die maßstäbliche Größe, wirkt aber angesichts der hohen Märklin-Profile hier zu fein.

Einschottern

Zur Gestaltung der Fläche um den Bahnkörper wird dieser mit Weißleim eingestrichen. Darauf streut man ein Gemisch aus feingesiebter, trockener Erdkrume und brauner Trockenfarbe. Um die Haftung zu verbessern, wird das Erdreich mit einer Blumenspritzflasche angefeuchtet.

Ist das mit Erdreich bedeckte Umfeld nach einem Tag Wartezeit getrocknet, wird der Gleisoberbau gestaltet. Als Schotter eignet sich vor allem echter Steinschotter mit vorbildgerechter Körnung wie Diabas-Schotter Nummer 1410 „H0 fein" von ASOA. Obwohl für H0 gedacht, hat dieses Material auch die richtige Körnung für N-Gleise. Deshalb sollte die Korngröße des Schotters immer abhängig von der verwendeten Schienenhöhe ausgewählt werden. Man verteilt den trockenen Schotter mit einer geeigneten Schüttvorrichtung zwischen den Schwellen. Anschließend fegt man den Schotter mit einem trockenen Pinsel von den Schwellen in die vorbildgetreue Lage. Sodann wird mit Spülmittel verdünntes Wasser mit einer Blumenspritze auf den Schotter aufgesprüht. Es bewirkt, dass die trockenen Körner beim Aufbringen des Schotterklebers nicht aufschwimmen, sondern in ihrer Lage bleiben und der Kleber zwischen den kleinen Steinchen in den Untergrund eindringen kann.

Gleise verfeinern

Schaut man sich die weit verbreiteten Roco Line-Gleise genauer an, fallen an allen Gleis-, Kreuzungs- und Weichenenden ungewöhnlich gestaltete Schwellen auf. Die jeweils letzte Schwelle ist der Schienenverbinder wegen unterbrochen und an diesen Stellen mit der Nachbarschwelle mittels Stegen verbunden. Sie sind nach dem Einschottern immer noch zu sehen, da auch die fehlenden Schienenstühle vornehmlich bei Verwendung von kürzeren Gleisstücken sehr deutlich zu bemerken sind.
Mit wenigen Handgriffen ist dieses Übel beseitigt: Die letzten drei Schwellen werden mit einem Seitenschneider abgeschnitten. Von einer anderen Schiene werden drei zusammenhängende Schwellen aus ihrem Band herausgetrennt (nicht jedoch die beiden äußeren). Bequem lassen sich diese

Rund ums Gleis

Zuerst werden die Gleiszwischenräume mittels Filmdosen mit Schotter gefüllt und dann mit einem Pinsel ausgeformt (1). Anschließend nutzt man einen Zerstäuber zum Befeuchten, damit der Schotter später nicht aufschwimmt (2). Danach fixiert man alles mit der üblichen Weißleim-Mischung (3).

dann an der zu verfeinernden Schiene auffädeln. Zuvor sollte der Schienenstuhl der letzten Schwelle mit einem scharfen Messer von den Schienennägeln oder -klammern befreit werden, da der Schienenbinder sich sonst nicht aufschieben lässt oder die Schwelle herunterdrückt. Wer es ganz genau nimmt, braucht nur einen kleinen Teil der Schienennägel auszuschneiden, da der Schienenbinder seitlich nicht viel Platz beansprucht.

Möchte man einen Unterflurantrieb an seinen Weichen verwenden, der mittels Stelldraht direkt unterhalb der Stellschwelle mittig eingreift, so kann man an dieser Schwelle die seitlichen und dann überflüssigen Stellhebel so weit kürzen, wie es der sichere Weichenbetrieb gerade noch zulässt.

Altern und Verschmutzen von Gleisanlagen

Alle bekannten Gleissysteme werden heute von der Modellbahnindustrie auf gleiche Weise gefertigt: An abgelängte gezogene Metallprofile werden Schwellenbänder aus Kunststoff, die Holzbohlen imitieren sollen, gespritzt. Fast alle Profile bleiben auch nach der Fertigstellung der Modellgleise metallisch blank. Einzig die Schienenprofile von Bemo und Tillig sind dunkel brüniert und kommen so dem Vorbild etwas näher.

Die Holzschwellen schimmern im typischen Kunststoffglanz. Die nachgebildeten Schienenstühle mit ihren Gleisnägeln oder Klammern sind an den Schwellen gleich mit angespritzt und daher auch aus dem gleichen einfarbigen Material. Tatsächlich jedoch müssten die Schienenprofile und die Gleisnägel rostfarben sein.

Fleischmann, Märklin und Roco bieten für einen Teil ihrer Gleise farbig abgesetzte Schotterbetten an, jedoch werden auch diese aus Kunststoff gefertigt. Auf einer vorbildgerecht durchgestalteten Anlage verlegt, unterstreichen diese Großseriengleise den Eindruck einer Spielzeugeisenbahn. Auch selbst eingeschotterte Gleise erhalten erst nach einer „Alterung" der Gleise mit Farbe das gewünschte realistische Aussehen. Wer es ganz genau nimmt, kann auch an den Schienenprofilen und Schwellen weitere Verbesserungen anbringen.

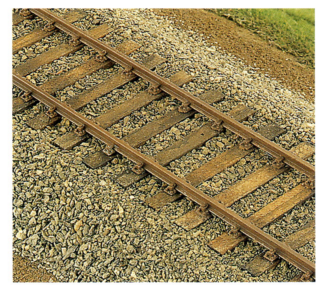

Zu einem absolut vorbildgerechten Schotterbett gehören auch die seitlich angeformten Raupen, welche Querkräfte aufnehmen und die Schwellen gegen Verrutschen sichern.

Beim Vorbild wenig benutzte Gleise, zum Beispiel ein unbedeutendes Abstellgleis, verkrauten mit der Zeit.

73

3 Material und Gestaltung

Mit Farben altern

Vor dem Einbau in die eigene Anlage sollte man jedes Modellgleis immer optisch mittels Farbe dem Aussehen des Vorbilds angleichen. Vor allem der Kunststoff der Schwellen erhält erst durch Farben die Optik von Holzschwellen.

Dazu lackiert man zuerst das komplette Schwellenband mit Erdbraun. Der Einsatz einer Spritzpistole oder Spraydose erleichtert die Arbeit ungemein. Im zweiten Arbeitsgang streicht man Gleisprofile und Schienenstühle mit einem selbst gemischtem Rostbrauntön. Dazu kann man einen Pinsel oder eine fein einstellbare Airbrush-Pistole nutzen. Dann pinselt man verdünntes Mattschwarz auf die Schwellen – so entsteht der Eindruck von imprägnierten und schmutzigen Holzschwellen.

Jetzt kann man die lackierten Gleise auf der Anlage einbauen. Nach dem Einschottern erfolgt ein nochmaliges Einfärben der Schienenprofile mit stark verdünntem Rostton, der jetzt jedoch eher etwas gelblich angemischt wird. Die Farbpigmente setzen sich unregelmäßig ab und man erzielt dadurch den Eindruck von wirklich verrosteten Schienen und nicht den von Modellgleisen, die rasch mit etwas Rostfarbe angemalt worden sind.

Zunächst werden mit Rosttönen die Profile bemalt (1). Nach dem Trocknen schleift man die Köpfe blank (2). Danach färbt man die Schwellen mit mattem Schwarz (3). Zuletzt setzt man noch einige Akzente wie Ölspuren oder Wasserpfützen (4).

Rund ums Gleis

Das einfarbige Schotterbett einiger Seriengleise, etwa von Fleischmann, Märklin-C oder Roco und Trix-C, kann mit Staubfarben aufgepeppt werden. Verschiedene rostton- und schotterähnliche Farbpigmente reibt man mit einem dickeren und stabilen Borstenpinsel in die Schottervertiefungen ein. Anschließend reibt man mit einem Lappen die erhabenen Stellen des Gleisbettes wieder etwas blank. Jetzt ist ein Schotterbett geschaffen, das in den Schottervertiefungen dunkler erscheint und dadurch deutlich plastischer wirkt.

Ist man mit dem erzielten Ergebnis zufrieden, versiegelt man zu guter Letzt die Pigmentfarben mit mattem Lackspray. Auf diese Weise nimmt man dem eventuell verbliebenen Kunststoffglanz der Bettung seine unnatürliche Wirkung.

Schmutzvariationen

Streckengleise werden durch den Abrieb von Rad und Schiene stetig verschmutzt. Je nach Verkehrsdichte überzieht ein mehr oder minder starker rosttonähnlicher Schmutz Schotter und Schwellen. Dampflokstrecken haben noch zusätzlich beidseitig der Schienenstühle eine dünne Ölschlammspur, die von den verölten Steuerungsteilen sowie dem Zylinderabdampf herrührt.

Im Modell kann man sie mit Seidenmattschwarz darstellen. An Stellen, an denen Dampfloks eine Zeit lang zum Stehen kommen, können sich kleine Wasserpfützen vom Abdampf der Zylinder bilden. Im Bahnhofsbereich und im Bw bildet sich eine besonders dicke Öl-Dreckschicht an Gleisbereichen, an denen die Lokomotiven gewartet werden. Wer sich Gleise, auf denen Dampflokbetrieb beim Vorbild herrscht, näher betrachtet, sieht noch weitere Verschmutzungsarten, so beispielsweise leicht verkalkte Schwellen, die im Modell die Wirkung realistischer werden lassen.

Geht es bergan, sind Dampflokgleise besonders stark vom weißlichen Kalk-Soda verfärbt. Die mächtigen Wasserdampfwolken einer bergan schnaufenden Dampflok feuchten die Schienen an, so dass besonders belebte Strecken teilweise einen leichten Glanz links und rechts der Profile aufweisen können. Gelegentliche Sandspuren zeugen von feuchten Tagen, an denen die Räder mangels Reibung zu schleudern drohen.

Das ins Tal laufende Gegengleis einer zweigleisigen Strecke weist dagegen stärkeren Flugrost auf, hervorgerufen durch Bremsabrieb.

Innerhalb eines Bahnbetriebswerkes sind die Gleise unmittelbar an den Behandlungsanlagen besonders schmutzig. An älteren Dieseltankstellen schimmert zudem etwas Öl und bei den Löschebansen sind die Gleise mit Schlacke und feinem Kohlenstaub bedeckt. An diesen Stellen sollten die Gleise eingesandet sein, damit die Arbeiter sicherer laufen können. Und am Wasserkran stehen fast immer Wasserpfützen neben und im Gleis.

Dampflok-Bahnbetriebswerk: Gleise und Umfeld am Schlackensumpf sind von Öl, Wasser und Lösche verschmutzt.

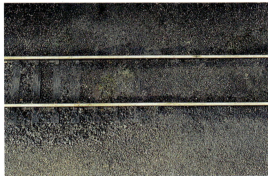

Ein mit Öl verschmiertes Bw-Gleis.

Häufig werden Gleisschwellen mit Sand oder Schlacke bestreut, um dem Personal ein sicheres Überqueren zu ermöglichen.

3 Material und Gestaltung

Bei Signalmodellen ab der Nenngröße H0 sollten auch die Imitationen der Antriebe, vor allem die aufwendigen Seilzüge bei Modellen mechanisch angetriebener Vorbilder, detailliert nachgebildet werden.

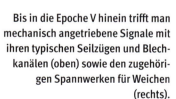

Bis in die Epoche V hinein trifft man mechanisch angetriebene Signale mit ihren typischen Seilzügen und Blechkanälen (oben) sowie den zugehörigen Spannwerken für Weichen (rechts).

Zur hohen Schule des Modellbaus gehört die vorbildgerecht zur Absicherung von Nebengleisen installierte, funktionsfähige Nachbildung einer Gleissperre samt zugehöriger, beleuchteter Laterne.

Detaillierung am Gleis

Für eine vorbildgerechte Nachbildung der mechanischen Weichenantriebe, deren Laternen und den unter- und oberirdischen Drahtzugleitungen finden sich alle Bauteile im Sortiment von Weinert oder NMW. Der Bau und die Verlegung bereiten keine allzu große Schwierigkeiten, allerdings sollte man bei der Leitungsdurchführung unterhalb des Gleises die Kanäle zur Vermeidung eines Kurzschlusses in Abschnitte aufteilen. Die flachen elektrisch betriebenen Weichenmotoren, wie sie bei der Bahn heutzutage Verwendung finden, sind bei Erbert im Angebot. Auch das funktionale Umfeld, also Betonkanäle sowie Achszähler, Indusi-Magnete und andere Details, wie sie ab der Epoche IIIb bei der Bahn zunehmend verwendet werden, ist beim gleichen Hersteller erhältlich. Alle Teile sind aus Kunststoff gefertigt und sollten mit Farbe nachbehandelt werden. Zusätzlich bereichern Trafokästen und Sprechstellen die Szenerie.

Rund ums Gleis

Kommunikationswege

Untrennbar mit den Schienenwegen verbunden sind bis in die Epoche IV hinein zumindest auf Nebenbahnen die Telegrafenleitungen mit ihren einzeln oder doppelt stehenden Holzmasten mit den hellen Isolatoren. Auf den Hauptbahnen sind sie im Regelfall in Zuge der Elektrifizierung verschwunden, da die Telefonsignale durch magnetische Wechselwirkungen mit der Fahrleitung gestört wurden.

Im Modellbahn-Fachhandel sind inzwischen nahezu alle Typen von Telegrafenleitungen in unterschiedlichsten Ausstattungen zu haben. Das Angebot reicht von einfachen Kunststoffmasten mit angespritzten Isolatoren bis hin zu Holzmasten mit Metallhaltern und Isolatoren aus Keramik von Kleinserienherstellern. Letztere unterscheiden sogar Telefon- und Stromleitungen.

Dort, wo wegen Oberleitungen oder aber dem Zeitenwandel, also ab Epoche IV, keine Telegrafenleitung neben der Bahnstrecke verläuft, befindet sich an ihrer Stelle regelmäßig ein schmaler Betonkanal, der die Telefon- und bei Bedarf auch Signalleitungen aufnimmt. Nur auf längeren Abschnitten zwischen zwei Bahnhöfen können Kabel auch direkt als Erdkabel unsichtbar verlegt sein.

■ Goldene Regeln ■

1. Auch Fertiggleise sollten sich harmonisch in die Landschaft einfügen.
2. Je höher die Ansprüche des Modellbauers sind, so beispielsweise die Verwendung von zierlichen Selbstbaugleise, desto höher sind zeitlicher und materieller Aufwand.
3. Farblich behandelte, aber einfache Großseriengleise sind besser als unbehandelte Gleise mit zahlreichem Zubehör wie Indusimagneten und Schaltkontakten.
4. Die zusätzliche Gestaltung des Gleisumfeldes ist wünschenswert, aber bei zunehmender Anlagentiefe können Vereinfachungen vorgenommen werden, etwa das Weglassen von Indusi-Magneten.
5. Betriebssicherheit geht vor Detaillierung.
6. Bei nicht sichtbaren Anlagenteilen wie dem Schattenbahnhof braucht das Gleisumfeld nicht gestaltet zu werden.

Nachbildungen von Betonkanälen, Weichenmotoren und Sicherungskästen (oben, H0-Modelle von Erbert) beleben das Gleisumfeld. Die Kanäle müssen in den Boden eingelassen werden (links).

Die metallenen Seilzugabdeckungen (ganz links, H0-Modelle von Weinert) werden möglichst vor dem Einschottern verlegt. Mit einer Klinge kürzt man sie.

Unmittelbar am Signalstandort platziert man die Anschlusskästen für Signalbeleuchtungen und Gleiskontakte. Der Hersteller Erbert-Modelle liefert sie für die Nenngrößen H0, TT und N.

Werkzeuge und Materialien:
- Abstands- und Montagelehren
- Bastelmesser
- Korkbettung
- Borstenpinsel
- Wasserspritze
- Dauerelastischer Gleis- und Schotterkleber
- Netzmittel
- Pipette für Kleber
- Haarpinsel
- Verschiedene Kunstharzfarben
- Schienenrubber

3 Antriebe und Schaltungen

Ideal für einfache Ausstellungsanlagen und für den Modellbahnbetrieb mit viel Handarbeit: die mechanische Weichenstellung mittels Stellknopf.

Spätestens beim Aufbau einer stationären Modellbahn stellt sich die Frage nach den richtigen Antrieben für Weichen und bewegliche Teile an Gebäuden, etwa Schuppentore.
Für erstere bewähren sich seit Jahrzehnten magnetische Spulenantriebe, mit denen ein Stellstab bewegt wird. Diese Antriebe sind mittlerweile recht kompakt und technisch ausgereift. In der Regel werden sie direkt an der zu stellenden Weiche befestigt, viele Hersteller legen auch Tauschteile bei, um den Antrieb unsichtbar unterhalb der Anlage zu montieren. Einige Weichenantriebe, beispielsweise die der Märklin-Gleise, lassen sich auch mit beleuchteten Weichensignalen koppeln.

Kompaktantriebe

Optisch etwas besser haben es die Anhänger von Gleissystemen mit Bettung, also Märklin-C, Trix und Roco-GeoLine. Dort lassen sich Antriebe recht unkompliziert auf der Unterseite innerhalb des Bettungskörpers montieren. Die modernen Roco-Digitalantriebe kommen bei dieser Einbauweise sogar ohne zusätzliche Verkabelung aus, da Energie- und Datenversorgung über die Schienen erfolgen. Man sollte aber unter der Weiche zu Wartungs- und eventuell Tauschzwecken eine entsprechende Öffnung in der Anlagengrundplatte beziehungsweise im Trassenbrett vorsehen.
Leider entsprechen die schnellen Schaltbewegungen der meisten Magnetantriebe nicht dem langsameren Stellvorgang der Vorbildweichen. Anspruchsvolle Modellbahner nutzen deshalb gerne motorische Antriebe, bei denen eine Stellstange mittels Schneckenradgetriebe langsam bewegt wird. Motorische Antriebe gibt es in verschiedenen Bauformen von unterschiedlichen Herstellern. Zu den bekannten zählen Fulgurex und Bemo. Bei der Montage motorischer Antriebe sollte aber auf eine ausreichende Schalldämmung und Wärmeabfuhr geachtet werden. Ersterem kommt dabei die größte Bedeutung zu, da sich eventuell laute Betriebsgeräusche schließlich nicht störend bemerkbar machen sollen.

Alternativen

Bei Memory-Antrieben sorgt ein thermisch längenveränderlicher Draht für die Bewegung. Diese Antriebsform bewährt sich nicht nur bei Weichen, sondern wegen der geringen Einbaumaße und der natürlichen Bewegung vor allem auch bei Signalen oder beweglichen Toren in Lokschuppen.
Bei Formsignalen bietet Viessmann mit seinen gekapselten Kompaktantrieben viele Vorteile. Der wesentliche ist die einfache Installation, da im Regelfall eine einzige Bohrung am Signalstandort genügt. Die Nachteile des Magnetantriebes fingen Viessmanns Konstrukteure durch die Kombination des robusten und einfachen Magnetspulenantriebes mit einem pneumatischen Stellsystem auf. Dies verzögert den Stellvorgang, so dass sich Signalflügel vorbildgerecht langsam bewegen.
Ebenso eignen sich Servo-Motoren für das langsame Stellen von Weichen und Signalen. Sie sind robust und zudem wegen ihrer kleinen Stellschritte für individuelle Stellbewegungen ideal.

Schaltung kompakt

Viele im erweiterten Modellbahnbetrieb notwendige Schaltungen, etwa für Kehrschleifen oder Pendelstrecken, mussten früher mit Meldekontakten und Relais aufwendig selbst hergestellt werden. Mittlerweile bieten aber zahlreiche Hersteller, beispielsweise Lenz, Märklin oder Viessmann, teils

Rund ums Gleis

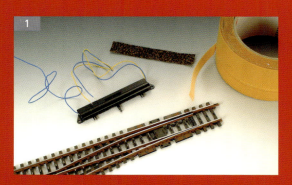  

Wenn der Magnetantrieb der Märklin-K-Gleis-Weiche als Unterflurantrieb in eine Anlage eingebaut werden soll, kann man ihn mit einem Schotterband kaschieren (1), dann ist nichts von ihm zu sehen (2). Bei eventuellem Austausch schneidet man das Schotterdeckblatt auf und legt den Antrieb frei (3).

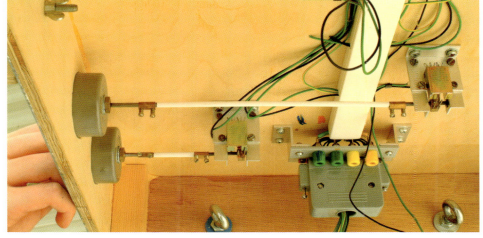

in Verbindung mit ihren Digitalsystemen, kompakte Bausteine für die einzelnen Anforderungen an. Der Aufbau von automatischen Pendelzugstrecken ist damit ebenso unproblematisch möglich wie ein sanftes Abbremsen von Zügen vor Halt zeigenden Signalen auf entsprechenden Bremsstrecken oder selbsttätiges Umpolen in Kehrschleifen. Letzteres betrifft natürlich nur Gleichstrombahner, da im Märklin-System derartige Probleme wegen des Mittelleiters unbekannt sind.

Da einzelne Bausteine aber abhängig vom Betriebssystem unterschiedlich aufgebaut sind, sollte beim Kauf auf die Kompatibilität zur eigenen Anlage geachtet werden.

Goldene Regeln

1. Antriebe und Schaltbausteine sollten „unsichtbar" sein und somit im Regelfall Unterflur montiert werden.
2. Die Stellgeschwindigkeit, z. B. bei Weichenzungen, sollte sich am Vorbild orientieren. Somit sind motorische den einfachen magnetischen Antrieben vorzuziehen.
3. Je einfacher die Stellmechanik, desto weniger störanfällig ist sie.

Statt elektrischem und kostspieligem Antrieb genügen bei intensivem Spielbetrieb vor Ort auch robuste und einfach zu bauende Weichenstellzüge.

Der PECO-Magnet-Weichenantrieb ist robust und hat zusätzlich Anschlüsse für elektrische Stellfunktionen.

Der Conrad-Servo-Motor ist ein typischer Vertreter der neuen Motorgeneration. Er ist lernfähig und kann auch in kleinsten Schritten bewegt werden.

3 Brücken und Tunnel

Steinbogenbrücken in Verbindung mit einer weitläufigen Landschaft bilden ein faszinierendes Motiv auf jeder Modellanlage, hier das Wiesener Viadukt der RhB in H0.

Brücken und Tunnel schätzt und braucht so ziemlich jeder Modellbahner. Die meisten greifen bei deren Nachgestaltung zu handelsüblichen Produkten, die es in den unterschiedlichsten Variationen gibt. Für den Selbstbau stehen aber oftmals keine Bezugspunkte zur Verfügung, auf die der Modellbahner zurückgreifen kann. Allerdings sollten Brücken und Tunnel immer glaubwürdig dargestellt sein, also die Modell-Landschaft sollte entsprechende Höhenzüge oder Einschnitte beziehungsweise Flüsse besitzen.

Brücken

Beim Bau von Brücken auf der eigenen Modellbahn sollte man sich zuerst darüber im Klaren sein, zu welcher Zeit die Strecke entstanden ist beziehungsweise in welcher Epoche die Anlage betrieben werden soll, denn diese fiktiven Fakten haben auf die Art der zu verwendenden Brücken einen großen Einfluss.

So war es in der frühen Epoche I durchaus üblich, auch größere Brücken aus Holz zu bauen. Dieser Werkstoff war überall verfügbar und man hatte Erfahrungen mit der Statik und Bearbeitung. Allerdings setzte man nach 1860 Holz nur noch für Wege-, aber nicht mehr für Bahnbrücken ein. Die Alternative waren Steinbrücken, während Stahl erst ab den 1870er-Jahren zunehmend Verwendung fand, da bis dato zu teuer. Mit Ende der späten Epoche I löste Stahl auch Stein als Brückenbaumaterial ab, weil Brücken damit rasch und auch mit deutlich größeren Spannweiten hergestellt werden konnten. Dies wiederum war entscheidend für Flussquerungen oder im (Hoch-)Gebirge. Weniger Pfeiler bedeuten immer weniger Widerstand der Brücke gegen die Strömung oder bei Lawinenabgängen.

Natürlich gibt es im Brückenbau auch regionale Unterschiede. Im Mittelgebirge mit Möglichkeiten zur Errichtung von Steinbrüchen wird man häufiger Steinbrücken finden als im Flachland. Dort dominieren eher Stahlbrücken in unterschiedlichsten Bauformen.

Im modernen Brückenbau der Epochen IV und V sind die häufigsten Brückenmaterialen Spannbeton oder Stahl. Zudem entstehen wegen der größeren Spannweite immer mehr Hängeseilbrücken. Während es von Letzteren vergleichsweise wenige

Werkzeuge und Materialien:
- Stichsäge
- Bastelmesser
- Kunststoffkleber
- Diverse Feilen und Schleifpapier
- Kunstharzfarben und Pinsel
- Schienenrubber

Tunnelportal mal anders: Eine Sanierungsbaustelle belebt diesen H0-Bergeingang.

Rund ums Gleis

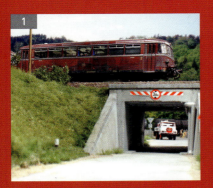  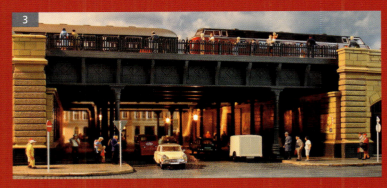

Für einfache Straßendurchlässe genügen beim Vorbild schlichte Betonbauten (1). Das Vorbild alte Steinbogenbrücke aus Ziegelmauerwerk als Ho-Modellnachbildung (2) steht in Wuppertal. Städtische Hochbahnen werden mittels Blechträgerbrücken über die Straßen geführt. Hier ein modifiziertes Ho-Modell von Faller (3).

Modelle gibt, kann der Modellbahner inzwischen bei Stahlbrücken aus einer großen Vielzahl auswählen. Ähnlich verhält es sich bei Steinbrücken: Dort hat die Sortimentsvielfalt vor allem durch die geschäumten Elemente von Noch stark zugenommen.

Brücken und Gleise

Bei der Gestaltung von Brücken ist es ebenso wichtig, dass Brücken immer zur Auflage über Brückenköpfe mit den dazugehörigen Widerlagern verfügen. Normalerweise werden Steinbrücken in Gleisbögen als Polygone ausgeführt, Stahlbrücken in Kurven bestehen dagegen immer aus einzelnen geraden Segmenten. Die meisten Blechträgerbrücken besitzen Schottertröge zur Aufnahme des Gleises, weil dieses dann stabiler ruht. Auf den klassischen Fachwerkbrücken liegen die Schienen dagegen immer auf ihren Holzschwellen oder sind direkt mit der Brückenkonstruktion verschraubt. Als Entgleisungsschutz erhalten die Brückengleise innen verlaufende Zwangsschienen, die verhindern sollen, dass aus den Schienen gesprungene Wagen die Brückenkonstruktion beschädigen. Außerdem sind stählerne Brücken zum Ausgleich der Längendehnung auf der Seite des beweglichen Lagers mit einem Schienenauszug versehen. Die Kombination aus Bettungsgleisen, also Fleischmann-Profi, Märklin-C, Roco-GeoLine oder Trix, mit Fachwerkbrücken ist somit vorbildwidrig. Wer mit diesen Systemen fährt, sollte daher vorbildgerecht entweder auf den Brücken bettungslose Gleisstücke der Parallelsysteme, also Fleischmann-Standard, Märklin-K, Roco-Line, nutzen, was aber aufwendige Anpassungsarbeiten am Bettungskörper oder der elektrischen Verbindung (Märklin) nach sich zieht. Oder man verwendet anstatt der Fachwerk- nur Blechträgerbrücken.

Tunnel

Je nach Situation auf der eigenen Anlage entstehen unterschiedliche Anforderungen an die Tunnelportale, die nicht immer von handelsüblichen Produkten abgedeckt werden. Die MOROP hat

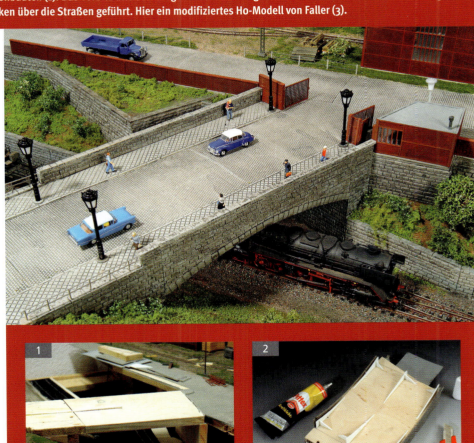

Steinbogenbrücken im Selbstbau: Ein flaches Holzbrett dient als Basis (1). Der Bogen entsteht aus Profilen (2). Pappe deckt die Fläche ab (3). Polystyrol bildet die Schlusssteine (4).

3 Brücken und Tunnel

   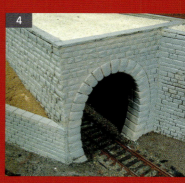

Jeder Tunnel benötigt eine angedeutete Röhre (1). Ca. 10 cm Länge genügen für die Röhre (2). Die beim Modellbau entstandenen Ritzen werden verspachtelt (3) und mit Farbe angeglichen (4). Prunkvolles altes Portal (5). Schlichtes Standardportal (6). Enges Schmalspurportal (7). Wasserablauf (8).

 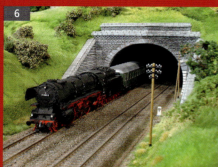  

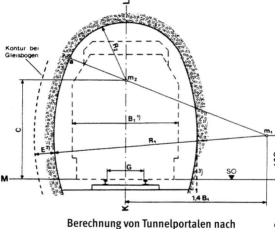

Berechnung von Tunnelportalen nach NEM 105, basierend auf dem Lichtraumprofil.

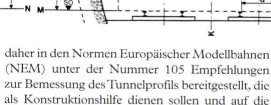

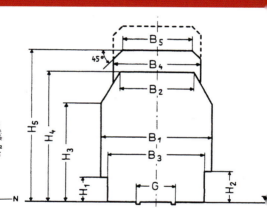

daher in den Normen Europäischer Modellbahnen (NEM) unter der Nummer 105 Empfehlungen zur Bemessung des Tunnelprofils bereitgestellt, die als Konstruktionshilfe dienen sollen und auf die jeweils möglichen Gleisverläufe Bezug nehmen. Dabei ist das Tunnelprofil in seinen Dimensionen abhängig vom Gleisradius, der Länge der eingesetzten Fahrzeuge, bei mehrgleisigen Strecken dem Gleisabstand sowie der Frage, ob mit oder ohne Oberleitung gefahren werden soll. Diese Faktoren bestimmen zugleich das Aussehen des Tunnelportals: Je größer der Gleisabstand und je kleiner der Bogenradius in Kombination mit der Länge der eingesetzten Fahrzeuge, desto größer wird das Tunnelportal ausfallen. Diese in den Zeichnungen und der Tabelle wiedergegebenen Empfehlungen sollte man bei der Rohbauphase seiner Tunnelstrecken unbedingt berücksichtigen, damit längere Fahrzeuge beim anschließenden Fahrbetrieb nicht plötzlich am Tunnelportal anecken. Zudem ist zu berücksichtigen, dass hinter jeder Tunneleinfahrt mindestens 10 bis 15 cm

Maße für das Lichtraumprofil:

		ohne Fahrleitung						mit Fahrleitung		
	G	B_1	B_2	B_3	H_1	H_2	H_3	H_4	B_4	B_5	H_5
I	45	130	87	114	30	38	118	150	93	71	16
O	32	94	63	82	21	27	85	109	68	52	120
H0	16,5	48	32	42	11	14	45	59	38	30	65
TT	12	36	24	32	8	10	33	43	28	22	48
N	9	27	18	25	6	8	25	33	22	18	37
Z	6,5	20	14	18	4	6	18	24	16	13	27

Angaben in mm

Rund ums Gleis

Tunnelröhre angedeutet werden sollten. Um jedoch schon bei der Planungsphase sich ergebende „Scheunentor-Portale" weitestgehend zu vermeiden, sollte man darauf achten, dass Tunneleingänge möglichst auf einem geraden Streckenstück oder in einem weitläufigen Gleisbogen liegen.

Drei verschiedene Profile gibt die NEM 105 vor: einen Rechtecktunnel sowie je einen Gewölbetunnel einer ein- und einer zweigleisigen Strecke. Die Maße der in die einzelnen Zeichnungen eingetragenen Variablen lassen sich der beigefügten Tabelle entnehmen, die zugleich die in Deutschland gebräuchlichsten Spurweiten umfasst. Das dort nicht aufgeführte Maß A bezeichnet den Gleisabstand, der jedoch von Gleissystem zu Gleissystem differiert, zugleich aber auch in Bezug auf den Bogenradius von der Fahrzeuglänge beeinflusst wird. Gerade für solche Anlagen, bei denen der Einbau von handelsüblichen Standard-Tunnelportalen nicht erwünscht ist oder diese aus Platzgründen nicht eingesetzt werden können, bleibt dem Modellbahner nichts anderes als der Selbstbau übrig. Unter Berücksichtigung der hier vorgestellten NEM-Empfehlungen sollte es allerdings den meisten Bastlern gelingen, ein dem Vorbild angenähertes Tunnelportal zu schaffen. Innerhalb des Tunnels kann bei Oberleitungsbetrieb auf die Nachbildung verzichtet werden. Entsprechende Einfädelhilfen am Portal im Berginneren führen die Pantografen wieder unter die Leitung zurück.

Die Ausführung des Tunnelportales hängt vom Verwendungszweck und der Epochen ab. Gewölbte Portale, immer leicht zum Berg hin geneigt und mit Bruch- oder Ziegelmauerwerksverblendung versehen, finden bei längeren Tunneln Verwendung. Dort befinden sich sehr oft auch Flügelmauern zur Hangabstützung neben der Tunneleinfahrt, es sei denn, dort befindet sich gewachsener, also massiver Fels. Erst die Tunnel der Hochgeschwindigkeitsstrecken der späten Epoche IV und der Epoche V sind flügelmauernlos, weil es dort nur schräg liegende ovale Beton-Portale gibt.

Rechteckige Tunneleinfahrten in Betonbauweise oder aus verputztem Ziegelmauerwerk finden sich vordergründig bei Überführungs- und Kreuzungsbauwerken bei größeren Bahnhöfen zur kreuzungsfreien Begegnung zweier Strecken im schlanken Winkel sowie in Einfahrten zu unterirdischen Bahnen. In anderen Fällen scheiden sie aus statischen Gründen aus.

Steinbogenbrücken sind mit die ältesten Brückentypen bei der Eisenbahn.

Bild nächste Doppelseite:
In Nordamerika standen häufig hölzerne Trestle-Brücken.

Zwei Strecken, die sich im sanften Winkel kreuzen, werden oft durch Überführungsbauten übereinander hinweggeleitet.

■ Goldene Regeln

1. Brücken und Tunnel müssen plausibel sein, z. B. durch eine entsprechende Berghöhe bei Tunneln oder durch natürliche Hindernisse wie ein Fluss bei Brücken.

2. Zu jeder Brücke gehören Brückenköpfe mit entsprechenden Widerlagern. Je nach Brückentyp ist die maximale Spannweite vorbildentsprechend zu wählen.

3. Nur Steinbogenbrücken können in Kurven gekrümmt sein, alle anderen Typen bestehen aus geraden Abschnitten.

4. Tunnel sollten immer eine angedeutete Röhre besitzen.

5. Im Tunnel muss ein problemloser Fahrzeugzugriff gewährleistet sein.

83

3 Signale

Vor allem bei der Auswahl von Lichtsignalen sollte man auf deren Art und die Epoche achten.

Wie der Straßenverkehr benötigt auch die Eisenbahn Signale zur Regelung der Zugfahrten und Sicherung des Bahnbetriebes. Zusätzlich aufgestellte Signalschilder geben dem Fahrzeugführer Verhaltensweisen vor oder kündigen Signalstandorte rechtzeitig an. Diese Aspekte treten auf der Modellbahn in den Hintergrund, denn dort visualisieren Signale Schaltvorgänge zur Steuerung der Anlage oder sie stellen nur ein Ausstattungsdetail dar und geben den Signalisierungsvorgang des Vorbildes spielerisch wieder. Die wichtigsten Signalarten, ihre Bedeutung und ihre Standorte sollen im Folgenden exemplarisch gezeigt werden.

Die Veränderungen der Steuerungs- und Fertigungstechnik der letzten Jahre, vor allem der Digital- und LED-Technik, erlauben inzwischen auch die kostengünstige Großserienfertigung ansprechender, sprich maßstabsgetreuer Signale – die Zeiten klobiger Glühbirnchenbeleuchtungen sind passé. Dies beweist Viessmann durch seine Formsignale mit vorbildlich langsamen Bewegungen. Die filigranen Lichtsignale in den verschiedensten Ausführungen für jede Epoche mit vorbildgerechten Lichtwechseln von Erbert, Märklin oder Viessmann setzen gleichsam Standards.

Unübertroffen ist bislang die Kleinserien-Qualität der sehr detailreich gestalteten Weinert-Signale, an denen sich sogar einzelne Kabelzuführungen, etwa zu den Signallampen, erkennen lassen.

Signalbrücken und ausleger sind zwar keine Signale, gehören aber doch irgendwie dazu. Signalbrücken sind bei Weinert für Formsignale und bei Erbert für Lichtsignale der DB im Angebot. Das Anbringen der in der Regel hängenden Lichtsignale ist relativ leicht. Anders verhält es sich mit den stehend zu montierenden verkürzten Masten der Formsignale. Wegen der üblichen Anordnung des Antriebes unter Anlage müssen die verbundenen Stelldrähte umgelenkt oder verlängert werden.

Hauptsignale

Hauptsignale sind wohl die bekanntesten Signale der Eisenbahn, fallen sie doch schon wegen ihrer Größe auf. Sie sind die wichtigste Regeleinrichtung für den Zugverkehr. Hauptsignale zeigen an, ob der nächste Gleisabschnitt befahren werden darf. Die Hauptsignalstellungen Hp 0, Hp 1 und Hp 2 gelten nur für Zugfahrten, und nur begrenzt für Rangierfahrten.

Hauptsignale sind entweder Formsignale oder Lichtsignale. Je nach ihren Aufgaben unterscheidet man zwischen Einfahr-, Ausfahr-, Block- oder Zwischensignalen sowie den Deckungssignalen, die vor Gefahrenstellen aufgestellt sind.

Der Standort ist in der Regel unmittelbar rechts neben oder über dem Gleis. Der Abstand von Gleismitte bis zum Mast beträgt bei Bahnhofsgleisen 2,20 m (H0 = 25 mm), bei Streckengleisen 3,10 m (H0 = 36 mm). Ist der Gleisabstand zu gering, also kleiner als 4,50 m (H0 = 52 mm), müssen die Signale auf einer Signalbrücke oberhalb der Gleise installiert werden.

Genau wie der Abstand des Signalmastes zum Gleis ist auch dessen Höhe vorgeschrieben. Die Regelhöhe sind bei Formhauptsignalen 8 oder 10 m (H0 = 92 bzw. 115 mm). Bei Lichthauptsignalen bestimmen die Hauptsignallichtpunkte die Regelhöhe von 6,2 m (H0 = 71 mm).

Einfahrsignale

Einfahrsignale befinden sich – wie der Name schon sagt – an den Einfahrgleisen der Bahnhöfe. Auf Hauptbahnen sichern sie grundsätzlich alle

Rund ums Gleis

Hauptsignale

Signalart	Hauptsignal zweibegriffig		Hauptsignal zweibegriffig		Hauptsignal dreibegriffig		
Bedeutung	Zughalt	Fahrt	Zughalt	Langsamfahrt	Zughalt	Fahrt	Langsamfahrt
Kürzel DB	Hp 0	Hp 1	Hp 0	Hp 2	Hp 0	Hp 1	Hp 2
Kürzel DR	Hf 0	Hf 1	Hf 0	Hf 2	Hf 0	Hf 1	Hf 2

Signalzeichen Formsignal

Signalzeichen Lichtsignal DB

Einfahrten, auf Nebenbahnen verzichtet man auf sie, wenn eine Höchstgeschwindigkeit von 50 km/h nicht überschritten wird. Dann stehen an ihrer Stelle an den Einfahrten Trapeztafeln.

Ausfahrsignale

Das Pendant zu den Einfahrsignalen sind die Ausfahrsignale. Sie sind in Bahnhöfen, die an Hauptstrecken liegen, unverzichtbar, auf Nebenbahnen kommen sie dagegen nicht überall vor. Aufgestellt werden Ausfahrsignale in einer senkrechten oder diagonalen Linie zu den Gleisen, damit eine eindeutige Zuordnung möglich ist. Sind sie als Lichtsignal ausgeführt, besitzen sie zusätzliche Anzeigen für die Rangiersignale Sh 1/Ra 12.

Zwischensignale

Hierbei handelt es sich um Hauptsignale innerhalb eines langgestreckten Bahnhofs. Ist dort der Abstand zwischen Einfahr- und Ausfahrsignal sehr groß, kann er durch Zwischensignale unterteilt werden. Diese stehen z. B. vor oder am Ende von Bahnsteigen oder zwischen Bahnhofsteilen.

Blocksignale

Sie sind immer dann erforderlich, wenn die Leistungsfähigkeit eines Streckenabschnitts erhöht werden soll. Daher variieren auch die Blockabschnittslängen in Abhängigkeit von der Streckenbelastung. Blocksignale zeigen im Regelfall nur die Begriffe Hp 0, Hp 1 und Hp 2. Bei Lichtsignalen erfolgen differenziertere Abstufungen der angezeigten Geschwindigkeiten, um die Zeit- und Energieverluste durch das Anfahren und Bremsen gerade von Güterzügen zu minimieren.

Deckungssignale

Diese seltene Signalform sichert Gefahren- oder Engstellen ab, beispielsweise eine bewegliche Brücke oder Gleisverschlingung. Oft haben die Deckungssignale die Form der Haltetafel Sh 2. Sie können auch als Formsignale eingesetzt werden.

Zusatzsignale

Zusatzsignale werden am Mast der Hauptsignale angebracht. Sie sind entweder als einfache Blechtafeln oder auch als Lichtsignale ausgeführt.
Das wichtigste von ihnen ist das Ersatzsignal. Es besagt, dass am gestörten oder „Halt" zeigenden Hauptsignal ohne schriftlichen Befehl vorbeigefahren werden darf. Das Signalbild zeigt drei weiße Lichter in Form eines „A". Bei neueren Lichtsignalen erscheint stattdessen ein weißes Blicklicht.
Der Richtungsanzeiger signalisiert dagegen durch Aufleuchten des Anfangsbuchstaben des nächsten Knotenbahnhofs, für welches Fahrtziel das Hauptsignal auf „Fahrt" steht.
Der Geschwindigkeitsanzeiger hingegen informiert durch eine Kennziffer, bei Formsignalen am Mast, bei Lichtsignalen über dem Signalschirm, welche Geschwindigkeit im sich anschließenden Weichenbereich nicht überschritten werden darf.

Vergleichsweise selten findet man auf vielen Anlagen Vorsignale (Viessmann) mit korrekter Beschilderung.

Licht-Ausfahrsignale sind immer Kombisignale (Viessmann). An Bahnsteigen stehen zudem Sondersignale.

3 Signale

Vorsignale

Signalart zweibegriffig	Vorsignal zweibegriffig		Vorsignal dreibegriffig		Vorsignal		
Bedeutung	Zughalt erwarten	Fahrt erwarten	Zughalt erwarten	Langsamfahrt erwarten	Zughalt erwarten	Fahrt erwarten	Langsam- fahrt erw.
Kürzel DB	Vr 0	Vr 1	Vr 0	Vr 2	Vr 0	Vr 1	Vr 2
Kürzel DR	Vf 0	Vf 1	Vf 0	Vf 2	Vf 0	Vf 1	Vf 2
Signalzeichen Formsignal							
Signalzeichen Lichtsignal DB							

Zur vorbildgetreuen Wirkung sollte man die aufgestellten Signale mit den beiliegenden Buchstaben beschriften.

Die gezeigte Kennziffer bedeutet, dass maximal deren zehnfacher Wert in km/h als Fahrgeschwindigkeit zugelassen ist.

Vorsignale

Vorsignale kündigen an, welches Signalbild am dazugehörigen Hauptsignal angezeigt wird. Es gibt sie als Form- oder Lichtsignale. Der Abstand vom Vorsignal zum Hauptsignal (Bremswegabstand) ist abhängig von der Streckenhöchstgeschwindigkeit und beträgt auf Hauptbahnen zwischen 700 und 1000 m. Auf Nebenbahnen sind Vorsignale nur dann erforderlich, wenn mit mehr als 60 km/h gefahren wird, zudem existiert dort ein verkürzter Abstand zum Hauptsignal von 400 m.

Der Aufstellungsabstand eines Vorsignals zur Gleismitte ist identisch mit dem der Hauptsignale. Die Höhe der Formvorsignale beträgt in der Normalausführung 3,50 m (H0 = 40,5 mm). Bei geringeren Gleisabständen als 5,20 m (H0 = 60 mm) müssen höher gebaute Signale aufgestellt werden.

Nebensignale

Die Vorsignaltafel kennzeichnet den Standort eines Vorsignals und wird generell unmittelbar vor dem Signal aufgestellt. Bei Signalkombinationen (Vorsignal am selben Mast wie das Hauptsignal) und Vorsignalwiederholern wird keine Tafel aufgestellt. Auf Nebenbahnen mit 60 km/h Höchstgeschwindigkeit kann die allein stehende Tafel das Vorsignal ersetzen. Vorsignalbaken kündigen ein Vorsignal an; in der Regel stellt man drei Baken im Abstand von 75/75/100 m vor dem Signal auf. Die Baken entfallen auf Nebenbahnen, bei Ausfahrvorsignalen und Hauptsignalkombinationen.

Schutzsignale

Die am häufigsten verwendeten Schutzsignale sind die Gleissperrsignale. Es gibt sie als Form- und Lichtsignale. Ihre Regelbauhöhe beträgt 4,35 m (H0 = 50 mm). Es gibt auch niedrige Ausführungen (Zwergsignale), die kaum über die Schienenoberkante hinausragen.

Sperrsignale stehen rechts neben dem Gleis; Ausnahmen gibt es bei Drehscheiben, Schiebebühnen oder Gleiswaagen. Zu finden sind sie auch an Gleissperren oder auf Prellböcken zur Kennzeichnung eines Gleisabschlusses.

Unter dem Begriff „Schutzhaltesignal" sind verschiedene Signale mit demselben Signalbild (rechteckige rote Scheibe mit weißem Rand) zusammengefasst. Das bekannteste ist wohl die

Nebensignale

Signalart	Trapeztafel	Haltetafel	Haltepunkttafel	Schneepflugtafel		Neigungswechseltafel
Bedeutung	Ersetzt Einfahrsignal Weiterfahrt nach Aufforderung	Kennzeichnet Halteplatz der Zugspitze planmäßiger Züge	Haltepunkt zu erwarten, steht im Winkel 60 Grad zum Gleis	Pflugschar heben	Pflugschar senken	Streckenneigung ändert sich
Kürzel DB	Ne 1	Ne 5	Ne 6	Ne 7a	Ne 7b	Ne 12
Kürzel DR	So 5	So 8a	So 9	So 7a	So 7b	–
Signalzeichen						

Rund ums Gleis

Rangiersignale

Signalart	Abdrücksignal			Rangierhalt-Tafel	Wartezeichen	
Bedeutung	Abdrücken verboten	Langsam abdrücken	Mäßig schnell abdrücken	Halt für Rangierfahrt	Halt! Auftrag zur Rangierfahrt abwarten	Auftrag zur Rangierfahrt
Kürzel DB	Ra 6	Ra 7	Ra 8	Ra 10	Ra 11	Ra 12 mit Sh 1
Kürzel DR	Ra 6	Ra 7	Ra 8	Ra 10	Ra 11a	Ra 11a mit Ra 12

Bahnübergangssignale

Signalart	Überwachungssignal		Rautentafel	Merktafel	Pfeiftafel	Läuttafel
Bedeutung	Halt vor dem Bahnübergang	Bahnübergang darf befahren werden	Überwachungssignal ist zu erwarten	Kennzeichnung des Einschaltpunktes von Blinklichtern	Etwa 3 Sekunden pfeifen	Es ist zu läuten
Kürzel DB/DR	Bü 0	Bü 1	Bü 2	Bü 3	Bü 4	Bü 5
Kürzel DR 1954	–	–	–	–	Pl 1	–

obere Lampe blinkt

Wärterhaltscheibe Sh 2, sie steht zu Revisionszwecken oftmals vor Stellwerken. Ihre Aufgabe ist das bedarfsweise Sperren eines Streckenabschnitts, auf dem sich etwa eine Baustelle befindet. Desweiteren wird das Schutzhaltsignal als Nachtzeichen an Wasserkränen, die sich an Strecken- oder Bahnhofsgleisen befinden, benutzt.

Rangiersignale

Auf dem Scheitel eines Ablaufbergs steht meist ein Abdrücksignal, entweder als Form- oder Lichtsignal. Es regelt durch sein Signalbild den Ablauf der Fahrten über den „Eselsrücken".

Oftmals lässt es sich nicht vermeiden, dass eine Rangierabteilung auf das Einfahrgleis eines Bahnhofs geleitet wird. Solche Fahrten sind höchstens bis zur Rangierhalttafel erlaubt. Diese halbrunde weiße Tafel mit schwarzer Aufschrift „Halt für Rangierfahrten" ist in der Regel links vom Gleis aufgestellt, auch auf eingleisigen Strecken. Ihr Sicherheitsabstand zum Einfahrsignal sind 200 m. Ein weiteres Rangiersignal ist das Wartezeichen, eine Emailletafel in Form eines gelben oder weißen „W" mit schwarzem Rand. Es bedeutet, dass eine Rangierabteilung zu warten hat, bis das Wärter-

Trapeztafeln finden sich auf Nebenbahnen anstelle der Einfahrsignale, beleuchtete Exemplare wie dieses in H0 sind jedoch selten zu finden.

Vor unbeschrankten Bahnübergängen dürfen P-Tafeln nicht fehlen, gerade auf Nebenbahnen.

Signale

Fahrleitungssignale

Bedeutung	Ausschalten	Einschalten	Bügel ab	Bügel an	Halt für Fahrzeuge mit Stromabnehmer
Kürzel DB/DR	EL1	EL2	EL4	EL5	EL6
Signalzeichen					

Die Aufstellung der Viessmann-Signalmodelle ist leicht zu bewerkstelligen. Oft genügt eine einzige Bohrung, nur bei den Gleissperrsignalen muss noch etwas gefeilt werden.

stellwerk ein Zeichen zur Weiterfahrt gibt. Wenn dafür Winkzeichen verwendet werden, steht das „W" in Sichtweite des Stellwerks. Bei Wartezeichen mit Lichtsignal wird der Fahrauftrag durch zwei weiße Lichter gegeben.

Fahrleitungssignale

Die Signalschilder für die elektrische Zugbeförderung kennzeichnen Fahrleitungs-Schutzstrecken, Fahrleitungsunterbrechungen, gestörte Fahrleitungsabschnitte und das Ende der Fahrleitung. Die Signale, auf der Spitze stehende Schilder mit weißen Zeichen auf blauem Grund, befinden sich rechts neben oder über dem Gleis. Bei Signal El 4 zeigt die Schilderrückseite das Signal El 5.

Nebensignale

Nebensignale ergänzen oder ersetzen andere Signale auf Strecken und in Bahnhöfen. Die Trapeztafel wird bei einfachen Verhältnissen anstatt des Einfahrsignals aufgestellt und ist daher nur auf Nebenbahnen zu finden. Die Erlaubnis zur Weiterfahrt wird durch ein Lichtzeichen oder Pfeifsignal, über Lautsprecher oder Funk gegeben. Die Haltetafel dient zur Kennzeichnung des Halteplatzes der Zugspitze. Mit einem zusätzlichen Hinweisschild wird sie aufgestellt, um bestimmte Zuglängen, z. B. 100 m oder „Kurzzug", auszuweisen. Die Aufstellung erfolgt immer rechts vom Gleis. Ist dies wegen eines Bahnsteigs nicht möglich, steht sie links und trägt einen Bezugspfeil. Eine Haltepunkttafel wird aufgestellt, wenn aufgrund örtlicher Gegebenheiten, wie Gleisbögen oder Tunnel, der eigentliche Haltepunkt nicht einsehbar ist. Sie steht im Bremswegabstand mit einem Winkel von 60° rechts vom Gleis.

Die Schneepflugtafeln sind erst verhältnismäßig spät eingeführt worden (1944). Die V-förmigen Signale gelten für Schneepflüge mit beweglichen Pflugscharen und kennzeichnen die Stellen, an denen die Pflugschar gehoben werden oder wieder gesenkt werden kann. Das ist bei „Hindernissen" wie Bahnübergängen, Brücken und niedrigen Bahnsteigen der Fall. Diese einfachen Blechtafeln stehen in der Regel rechts vom Gleis und vor und hinter dem Hindernis.

Die Neigungswechseltafeln gibt es als Signal erst seit 1959, obwohl Neigungswechselanzeiger schon zurzeit der Länderbahnen existierten. Sie stellten aber lediglich einen Hinweis für den Lokführer dar, ähnlich wie Kilometersteine. Das Signal wurde rechts vom Gleis aufgestellt, wenn Steigungs- und Gefälleabschnitte 7 ‰ oder mehr aufwiesen. Mittlerweile ist das Signal abgeschafft, und alle Tafeln sind zurückgebaut.

Bahnübergangssignale

Blinklicht-Überwachungssignale sind im Bremswegabstand vor technisch gesicherten Bahnübergängen mit oder ohne Halbschranken aufgestellt. Die Lichtsignale findet man in der Regel in einem Abstand von 3,10 m (H0 = 35,6 mm) von der Gleismitte aus gemessen rechts neben dem Gleis. Die Rautentafel kündigt den Einschaltpunkt einer Blinklichtanlage mit Überwachungssignal an. Aufgestellt werden die Tafeln in einer Entfernung, die doppelt so viel Meter wie die zulässige Stre-

Nebensignale für Vorsignale

Signalart	Vorsignaltafel	Vorsignalbaken
Bedeutung	Standortkennzeichnung eines Vorsignals	Vorsignal ist zu erwarten
Kürzel DB	Ne 2	Ne 3
Kürzel DR	So 3a	So 4
Signalzeichen		

Schutzsignale

Signalart	Gleissperrsignal		Schutzhaltesignal
Bedeutung	Halt! Fahrverbot	Fahrverbot aufgehoben	Schutzhalt
Kürzel DB	Sh 0	Sh 1	Sh 2
Kürzel DR	Gsp 0	Gsp 1	Sh 2
Formsignalzeichen			
Lichtsignalzeichen			

90

Rund ums Gleis

ckenhöchstgeschwindigkeit beträgt, vor einem Blinklicht-Überwachungssignal. Die Merktafel kennzeichnet den Einschaltpunkt einer Blinklichtanlage mit Fernüberwachung an. Typisches Kennzeichen einer Nebenbahn waren früher die vielen ungesicherten Bahnübergänge. Bei Annäherung musste der Lokführer pfeifen oder läuten. Welche Signaltafeln wo eingesetzt werden, entscheidet sich aufgrund örtlicher Gegebenheiten.

Die Pfeiftafel, ein schwarzes „P" auf weißem Grund, steht rund 200 m vor einem Gefahrenpunkt rechts neben dem Gleis und bedeutet, dass etwa drei Sekunden lang zu pfeifen ist.

Läutetafeln waren nur auf Nebenbahnen anzutreffen und dienten zur Absicherung von einfachen Bahnübergängen ohne technische Sicherung wie an Feldwegen. Der Abstand zum Übergang betrug 100 bis 350 m. Auf der Modellbahnanlage in H0 sollten aber 50 cm vollauf genügen.

Weichensignale

Obwohl der Führer eines Triebfahrzeugs bei der Bahn nicht wie bei einem Automobil lenken muss, ist es doch notwendig, dass er weiß, wohin sein Fahrzeug geleitet wird.

Die geläufigste Möglichkeit, auf Schienenwegen einen Fahrweg aufzuteilen, ist die Umleitung mittels einer Weiche. Häufig dürfen die abzweigenden Stränge wegen der engen Kurvenradien nur mit einer herabgesetzten Geschwindigkeit befahren werden. Daher werden Weichen bis in die Epoche IV mit Signalen ausgerüstet, die dem Lokführer und dem Bahnpersonal anzeigen, in welche Richtung die Weichenzunge gestellt ist. Erst die moderne Bahn verzichtet auf Weichenlaternen. In aller Regel wird die Bewegung der Signallaternen der Weichen über denselben Stellmechanismus ausgeführt, der auch die Weichenzungen bewegt.

Grundsätzlich unterscheidet man zwischen den direkt vor Ort zu stellenden Weichen und denen, die mechanisch oder elektrisch von einem zentralen Ort – normalerweise ist es das Stellwerk – gesteuert und überwacht werden.

Bei der Nachbildung von Weichensignalen im Modell unterscheidet man drei verschiedene Ausführungen. Als erstes sind die unbeweglichen und unbeleuchteten Attrappen zu nennen. Die zweite Gruppe bilden die beweglichen Laternen, die, mit einer Glühbirne oder Leuchtdiode im Signalkasten versehen, das Stellsymbol auch bei Dunkelheit anzeigen. Die dritte Variante sind die beweglichen Laternen, deren Lichtquelle eine Glühbirne unterhalb der Anlagenplatte bildet, die über Lichtleiter mit der Laterne verbunden ist.

Der Bauaufwand und die Kosten halten sich bei unbeweglichen und unbeleuchteten Laternenattrappen in einem überschaubaren Rahmen. Natürlich kann man auch weit diffizilere Modelle für die Spurweite H0 erwerben, so beispielsweise die zierlichen und mit allen erforderlichen Kleinteilen ausgestatteten beweglichen Weichenlaternen von NMW, Kluba oder von Weinert. Diese Modelle liegen preislich allerdings weit höher.

Wer auf eine vorbildgerechte Laternenbewegung, synchron mit der Weichenzunge vollzogen, nicht verzichten möchte, kann die Laternensets der Gleishersteller verwenden. Der Motor, der die Weichenzunge bewegt, übernimmt auch die Drehbewegung der Signallaterne. Über Lichtleitfasern oder gekapselte, lichtleitende Kunststoffkörper gelangt im Nachtbetrieb das Licht von der Plattenunterseite in den Laternenkörper.

Die Drehachse der Weichenlaternen sollte man aus betrieblichen Gründen immer in einem Messingrohr führen, da sonst Schmutzpartikel schnell Bewegungsprobleme verursachen können. Natürlich kann man die Lichtquelle auch in den Signalkasten direkt einbauen, was jedoch mit hohem Aufwand verbunden ist und nur dem erfahrenen Bastler überlassen bleiben sollte. Für diesen Zweck gibt es verschiedene Kleinstbirnen oder Leuchtdioden im Elektronikhandel.

Goldene Regeln

1. Die Aufstellung von Signalen sollte sich immer am Vorbild orientieren.

2. Den Detaillierungsgrad eines Signals nimmt der Betrachter deutlicher wahr als dessen farbliche Alterung.

3. Vereinfachungen fallen bei Signalen erst bei sehr großen Anlagentiefen weniger auf.

4. Die Filigranität von Weinert-Signalen ist deutlich sichtbar, hat aber ihren Preis. Weniger detaillierte Signale sind günstiger.

5. Bei ausreichendem Platz, also ab mittelgroßen Anlagen, sollten auch die zu den Einfahr- und Blocksignalen zugehörigen Vorsignale berücksichtigt werden, sofern diese wie bei Formsignalen entfernt stehen.

6. Die Verbindung von Signal- und Zugsteuerung ist erst ab mittelgroßen Anlagen mit Automatiksteuerung sinnvoll.

Bis zum Ende der Epoche IV ist es bei beiden deutschen Staatsbahnen üblich, alle Weichen mit Signallaternen auszurüsten, welche Auskunft über die Stellrichtung geben.

Wichtigstes Zubehör bei der Aufstellung von Signalen sind die zugehörigen gelben Anschlusskästen und Kabelkanäle für die Steuerleitungen.

3 Fahrleitung

Elektrische Lokomotiven beim Vorbild brauchen Strom aus der Fahrleitung; ohne ihn läuft gar nichts. Die Deutsche Bahn AG benutzt auf ihrem Streckennetz eine Stromspannung von 15 kV mit 16,7 Hz. Eine Ausnahme bildet die Rübelandbahn im Harz, die als Inselnetz abweichend mit 25 KV mit 50 Hz betrieben wird. Im Modell gibt es keine derartigen Stromvarianten, hier wird im Analogbetrieb nur zwischen Gleich- und Wechselstrom unterschieden. Zum Betrieb ist eine Modell-Oberleitung zudem nicht unbedingt erforderlich, da die Lokomotiven über ihre Räder beziehungsweise den Mittelschleifer und die Räder ihren Fahrstrom beziehen.

Früher hat man die Oberleitung deshalb vornehmlich dazu genutzt, auf einem Gleisabschnitt zwei unabhängig voneinander steuerbare Lokmodelle einsetzen zu können. Vorausgesetzt allerdings, dass ein Modell eine mit Stromabnehmern ausgestattete E-Lok war. Der heute übliche Digitalbetrieb macht die Fahrleitung als Mittel zum unabhängigen Mehrzugbetrieb überflüssig, da nun durch Decoder mehrere Züge unabhängig voneinander auf einem Gleis fahren können. Die bei Oberleitungen nicht auszuschließenden Spannungsschwankungen durch Kontaktprobleme können sich im Digitalbetrieb sogar schädlich auswirken. Zudem sind die Stromabnehmer aktueller Lokmodelle vor allem der Epoche II so filigran und empfindlich, dass sie der Belastung eines echten Oberleitungsbetriebes mit seinen mechanischen und elektrischen Belastungen auf Dauer leider nicht gewachsen sind.

Trotzdem sollte man bei Modellbahnanlagen, auf denen regelmäßig E-Loks verkehren, auf eine Oberleitung nicht verzichten, denn dies wäre absolut vorbildwidrig. Die Betriebshöhe der Stromabnehmer wird in solchen Fällen von vielen Modellbahnern, optisch fast nicht wahrnehmbar, mit verschiedenen Mitteln mechanisch begrenzt.

Der Fahrleitungsaufbau

Bei der Fahrleitungs-Verlegung unterscheidet man sowohl beim Vorbild als auch im Modell zwischen Einzelmasten und Quertragwerken als Fahrleitungsaufnahme, wobei Einzelmasten hauptsächlich auf freien Strecken oder in kleinen Bahnhöfen eingesetzt werden. In größeren Bahnhöfen treten an ihre Stelle sogenannte Quertragwerke. Sie nehmen die Fahrleitungen mehrerer Gleise auf, wodurch viele Einzelmasten eingespart werden. Neben ökonomischen Gründen ist dies für die gute Übersicht im Bahnhofsbereich eine wichtige Voraussetzung. Allerdings ersetzt heute die Deutsche Bahn AG aus Gründen der Störsicherheit viele Quertragwerke im Zuge der Modernisierung ihrer Bahnhöfe durch einfache Fahrleitungsmasten, denn dort sind im Falle eines Leitungsdefektes die Auswirkungen geringer.

Rund ums Gleis

Auf mehrgleisigen Strecken werden Quertragwerke beziehungsweise Masten mit Mehrfachauslegern verwendet, wo die Platzverhältnisse keine Einzelmasten zulassen. Auch bei Abzweigen oder Gleiswechseln auf Strecken ist die Verlegung der Oberleitung mit Quertragewerken üblich.

Auf der Modellbahn sollte die Fahrleitung, wie im Vorbild, auf gerader Strecke im Zick-Zack verlegt werden. Dies sorgt im Großen wie im Kleinen für eine gleichmäßige Abnutzung der Schleifleisten der Stromabnehmer. Dafür werden Masten mit abwechselnd langem oder kurzem Ausleger aufgestellt. In Kurven wird die Oberleitung, wenn die Masten außen gesetzt werden, mit kurzen Auslegern, wenn innen gesetzt, mit langen Auslegern verlegt. Bei mehrgleisigen Strecken in Kurven sind die Ausleger außen kurz und innen lang.

Da die Oberleitungen im Vorbild selbstverständlich nicht unendlich lang sein können, werden sie an speziellen Masten am Ende der Leitung mit Radspannwerken abgespannt. Auch im Modell sollte man zwischendurch die Oberleitung neu auflegen und abspannen. Dafür bieten alle einschlägigen Hersteller dem Vorbild nachempfundene Radspannwerke an.

Die Modell-Oberleitung sollte der Epoche, in der die Anlage angesiedelt ist, in Optik und Technik entsprechen, denn die Vorbild-Fahrleitungssysteme unterlagen selbstverständlich der technischen Weiterentwicklung, die auch ihr Aussehen stark

Doppelauslegermasten (Sommerfeld) finden sich bei Weichenstraßen und Fahrleitungswechselabschnitten.

Einige Schritte beim Bau eines Quertragwerks

Quertragwerke sind vor allem im Bahnhofsbereich anzutreffen und ersetzen einzeln stehende Masten.

Der Eigenbau von maßgeschneiderten Quertragwerken ist rasch zu bewerkstelligen. Zuerst bestimmt man mittels Schablone die genaue Mastposition auf der Anlage (1).

Anschließend bohrt man das Loch für die Befestigungsschraube des Sommerfeld-Mastes (2).

Vorhandene Grate werden befeilt und mit betongrauer Farbe kaschiert (3).

93

3 Fahrleitung

Die Elemente der Quer- und Tragseile sowie Fahrdrahthalter werden verlötet (4) und festgeklemmt (5). Mittels Lehre prüft man die Lage des Fahrdrahtes (6). Über die Tragseile hinausstehende Teile des Fahrdrahthalters werden abschließend gekürzt (7).

beeinflusste. So stehen an modernen Strecken schlanke Betonmasten, während die Einzelmasten der ausgehenden Länderbahnzeit ein Zickzackmuster als Verwindungsversteifung aufwiesen. Die Masten der Deutschen Bundesbahn erhielten dagegen geradlinige Querstreben. Zudem bestanden die Ausleger in der Epoche I und II aus Winkelstahl-Profilen, während sie in der Nachkriegszeit aus Aluminiumrohren bestehen.

Natürlich kommt es auch beim Vorbild noch heute zu Situationen, dass wie im Raum Nürnberg-Erlangen moderne ICE-Züge der Epoche V abschnittsweise unter einer Epoche-II-Fahrleitung verkehren. Auch gab es bereits in jener Zeit Versuche mit Betonmasten. Um diese aber vorbildgerecht herzustellen, müssen die Einzelteile des Viessmann-Sortimentes, nämlich Betonmasten und DRG-Ausleger, etwas aufwendig angepasst werden. Der Grund sind die unterschiedlichen Breiten der Stahl- und Betonmasten.

Der Aufbau einer ansprechenden, stabilen und funktionsfähigen Fahrleitung entlang der Strecke bereitet wohl den wenigsten Modellbahnern größere Schwierigkeiten. Zeitgemäße Fahrleitungssysteme mit den epocheabhängigen Baumerkmalen bieten Sommerfeld und Viessmann.

Rund ums Gleis

Märklin nutzt Letzteres und lässt es mit kleinen Änderungen an Fahrdraht und Isolatoren für sich produzieren. Die ältere Oberleitung von Vollmer kann heute noch genügen, was aber auf das alte Märklin-System nicht zutrifft. Dessen ausgestanzte Fahrleitungselemente aus 1-mm-Stahlblech sollten auf heutigen Anlagen tabu sein, entsprächen sie einer Vorbild-Materialstärke von 10 bis 15 cm.

Die bereits mit entsprechenden Auslegern erhältlichen Masten der unterschiedlichen Systeme werden entlang des Gleises aufgestellt, die Fahrleitung aus vorgefertigten Elementen unterschiedlicher Länge eingehängt und bei Bedarf verlötet (Sommerfeld) oder eingeclipst (Vollmer und Viessmann/Märklin) – fertig.

Spätestens im Bereich der Bahnhöfe ändert sich jedoch die Situation: Wegen der verschiedensten Gleisverläufe auf der eigenen Anlage und der zahlreichen, systembedingt verschiedenen Weichenwinkel und Gleisabstände bleibt dem Modellbahner in den meisten Fällen nur die Anpassung der handelsüblichen oder gar der Selbstbau der Tragwerke. Dazu zeichnet er zunächst die Verläufe der Gleisachsen auf und misst die genauen Standorte der Turmmasten aus. Eventuell müssen in Weichenstraßen zusätzliche Einzelmasten oder Bogenabzüge eingeplant werden, um die Fahrleitung immer über der Gleisachse zu halten.

Anschließend bohrt er die erforderlichen Befestigungslöcher für die Masten (Sommerfeld) oder Halteplatten (Viessmann/Märklin) und stellt die Masten auf. Die Montage des Quertragwerkes erfolgt am besten unmittelbar zwischen den Turmmasten. Das Tragwerk von Sommerfeld besteht komplett aus Kupferdraht und ist sehr stabil. Beim Viessmann/Märklin-Produkt dienen Gummifäden zur Abspannung der Querdrähte. Deshalb kann das Tragwerk langfristig eventuell leicht durchhängen.

■ Goldene Regeln

1. Die Detaillierung der Oberleitung muss mit der Filigranität der Anlage harmonieren, somit entfallen alte Oberleitungssysteme.
2. Sauber und vorbildgerecht verlegte Oberleitungen sind immer arbeitsintensiv.
3. Fahrleitungen in Kurven dürfen niemals gebogen verlaufen.
4. Stabile Masten und eine saubere Verspannung mit Metalldrähten garantieren höchste Stabilität.
5. Nach heutigem Stand der Technik, beispielsweise bei zierlichen oder voll funktionsfähigen Stromabnehmern, dienen Oberleitungen nicht mehr der Stromversorgung der Fahrzeuge, sondern sind Zierde.

Fahrleitungen in Kurven verlaufen immer gerade. Daher sind bei Bedarf die Mastabstände entsprechend zu verringern.

Endende Fahrleitungen sollten im Modell vorbildgerecht abgespannt werden, wie hier an einem H0-Mast von Viessmann.

Werkzeuge und Material
- Abstands- und Montagelehren
- Bleistift
- Seitenschneider
- Spitzzange
- Lötkolben, Bastlerlot, Klemmpinzette
- Aceton
- Pinsel
- Diverse Kunstharzfarben

Ab Epoche IV besitzen Fahrleitungen im Bereich der Masten Y-Seile zur zusätzlichen Abspannung der Tragseile (H0-Modell von Viessmann).

4. Ausgestaltung

Ob bei der Gestaltung eines H0-Kleingartens mit Gemüse von Busch oder mit größeren Feldern im Maßstab 1:87: Je vorbildorientierter die Landschaft, desto besser der Gesamteindruck.

Der Aufbau einer Modellbahnanlage mit einer überzeugenden Landschaft ist vielleicht die schönste Beschäftigung mit der Modellbahn überhaupt. Dass nicht jede Modellbahnanlage der nächsten gleicht, liegt nicht nur an unterschiedlichen Plattenformen, Gleisplänen und Topographien. Auch die persönliche Handschrift des Erbauers spiegelt sich in der Gestaltung. Die Wahl des Begrünungsmaterials und der Landschaft tun ihr Übriges.

4 Landschaft und Begrünung

Weinberge sind trotz steilem Hang oft terrassenförmig. Die Weinstöcke können aus Foliage selbst angefertigt werden.

Die Natur ist ein wahrer Meister der Anpassung. Die klimatischen Bedingungen in feuchtwarmen Gegenden bringen andere Vegetationsformen hervor als der Bewuchs in Mitteleuropa. Aber auch hier unterscheidet sich die Vegetation je nach Bodenbeschaffenheit und Höhenlage. Auf Sandboden wachsen Kiefern, während sich in den höheren Lagen der Alpen eher die Tannen heimisch fühlen. Im Mittelgebirgsraum dominiert dagegen der Mischwald. Die Kreativität der Natur ist schier unerschöpflich.

Dennoch gibt es gewisse Grundregeln, denen sich alle Pflanzen unterordnen: Zum einen benötigen sie Wasser zum Überleben. Pflanzen in Feuchtgebieten oder nach einer langen Regenperiode sind saftiggrün, während in trockeneren Gegenden schon bald die Wiesen vertrocknen. Und ist der Sommer in Deutschland über eine längere Periode besonders heiß, vertrocknen viele Gräser und die Bäume beginnen schon im August, ihre Blätter zu verfärben. Im Gegensatz zum Frühsommer, wo die gesamte Vegetation noch grün ist, nehmen ab August die beigen Farben deutlich zu, nicht zuletzt wegen der reifen Getreidefelder. Im Mai präsentieren sich die Bäume und Sträucher in einem hellen Grün. Bereits zwei Wochen später ist das lichte Grün einem deutlich dunkleren Grün gewichen und gegen Ende der Sommerzeit scheinen einige Bäume schon fast olivfarbene Blätter zu tragen. Besonders deutlich erkennt man den Unterschied an jungen Trieben von Nadelbäumen. Die frischen Spitzen leuchten maigrün, während die alten Nadeln sehr dunkel sind.

Ab September setzt die Laubfärbung ein, die ihren bunten Höhepunkt nach den ersten Frostnächten erreicht. Ist schließlich das Laub abgefallen, schminkt sich die Natur bis weit in den März hinein vornehmlich mit grauen und erdbraunen Farben. So hat jeder Monat seine eigene Vegetationsreife und individuellen Naturfarben.

Die Produkte der Hersteller spiegeln diese Unterschiede ganz gut. Zwar stimmen nicht immer die Farben, aber man hat beispielsweise die Auswahl zwischen blühenden Apfel- und Kirschbäumen oder bereits kurz vor der Ernte stehenden Obstbäumen. Genauso sieht es bei den Feldern aus. Zum einen gibt es erst frisch umgepflügte Felder, aber auch Äcker mit den ersten Frühlingspflanzen sind im Angebot wie in voller Reife stehende Getreidefelder.

In der Modellbahnwelt gilt es daher, die einmal festgelegte Jahreszeit konsequent umzusetzen bzw. beizubehalten. So gehören blühende Obstbäume genauso wenig in den Hochsommermonat Juli wie gerade treibende Tannen. Abgemähte Wiesen mit ihren gedämpften Farben und goldgelbe Kornfelder stehen stattdessen im Mittelpunkt – und im Gemüsegarten geht die Tomatenernte erst ab Mitte August richtig los.

Ausgestaltung

Bei der Umsetzung auf der eigenen Anlage steht man anfangs vor einem Dilemma: Auf welche Weise und mit welchen Materialien soll und kann man die Natur auch im verkleinerten Maßstab recht artenreich und treffend nachbilden?
Tatsache ist, dass man sich bei der Schaffung einer künstlichen Natur leider mit Abstraktionen und Kompromissen zufriedengeben muss. Allen Genmanipulationen zum Trotz gibt es noch keine maßstäblich verkleinerten Birken oder Buchen, die man nur noch regelmäßig zu gießen braucht. So wie man bei der Umsetzung von Fahrzeugen auf Kunststoffe oder Druckgussmetall zurückgreift, ist man auch bei der Nachbildung der verkleinerten Landschaft auf künstliche Baustoffe angewiesen.

Landschaftsuntergründe

Zum Modellieren der Landschaftsoberfläche gibt es zahlreiche Möglichkeiten. Zu den traditionellen gehören solche aus Gips. Zum Aufbau nutzt man Gipsbinden, die als erste Schicht zur Anwendung kommen. Die Binde wird entrollt und in etwa gleich lange Stücke geschnitten. Die einzelnen Bahnen taucht man kurz in Wasser und trägt sie Stück für Stück auf die Geländeschale auf. Die Gipsbinde sollte stets mit der rauen Seite nach oben aufgelegt werden, da auf dieser Seite mehr Gips zum Glätten der Oberflächen vorhanden ist. An den Rändern lässt man die Gipsbinden etwas überstehen und faltet sie nach oben zurück, um einen sauberen und bündigen Abschluss mit den Seitenteilen zu erhalten. Anschließend wird eine zweite Schicht Gipsbinden nach gleichem Muster aufgelegt, um dem Gelände die nötige Steifigkeit zu geben. Mit einem Spachtel trägt man das „Special Hydrocal" von Woodland Scenics, eine besonders stabile und gipsähnliche Schicht, auf die noch feuchten Gipsbinden und legt damit die endgültige Geländeform fest.

Alternativ zu Gips haben sich Zeitungspapier und Pappe als Oberflächenversiegelung bei Fliegengitter bewährt. Aus beiden lässt sich ein leicht formbarer Brei herstellen, der sich auch später noch weiter bearbeiten lässt – und für eine stabile Oberfläche sorgt. Das Pappmaschee hat noch weitere Vorteile: Die Masse trägt als Gewicht nicht sehr auf. Pappmaschee setzt sich zusammen aus

Alternativ zu der Begrasung mit einem teuren Elektrostaten kann man Grasmatten für verkrautete Wiesen stückeln.

Nach dem Aufkleben werden an mehreren Stellen mit einem nassen Pinsel Löcher im Rasen gebildet, ...

... um anschließend als Unkrautimitation Flocken oder Foliage einzuarbeiten.

Nach der Fertigstellung ist der Übergang zwischen Weg und verwildertem Untergrund mithilfe von Grasmatten fließend.

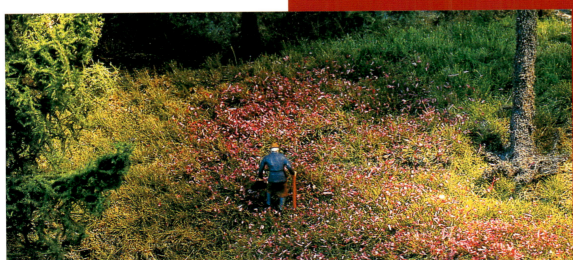

Aufgestreute und lila eingefärbte Holzspäne können in 1:87 die Blüten der Erika, wie hier in der Waldlichtung, imitieren.

99

4 Landschaft und Begrünung

Zum Versiegeln von Anlagenoberflächen hat sich eingefärbter Gips vielfach bewährt.

Als Untergrund können Dämmplatten dienen (1). Sie lassen sich einfach bearbeiten (2). Gips verschließt die rauhe Oberfläche (3), auf den Sand gestreut wird (4).

20 Teilen Papier oder Pappe und 1 Teil Tapetenkleister. In heißem Wasser lässt sich das Zeitungspapier besser auflösen. Rührt man feine Holzspäne unter, erhält man eine raue Oberfläche. Gibt man aber Gips statt Späne bei, entsteht nach dem Trocknen eine saugfähige Masse, die sich ideal mit Wasserfarben bearbeiten lässt.

Ähnlich vergleichbar mit feuchtem Ton lassen sich mit dem Pappmaschee unterschiedliche Formen erstellen, doch in erster Linie dient es als Oberflächenversiegelung. Es klebt auch gut auf offenporigem Bauschaum und rauhen Dämmplatten.

Steile Wände, deren Oberflächen mit Pappmaschee versiegelt sind, dem Gips untergemischt worden ist, können eine Felsstruktur erhalten, indem man Steine mit markanten Oberflächen in noch feuchte Papiermasse hineindrückt.

Die feuchte Pappmasse bleibt etwa 3-4 Tage bearbeitbar. Das hat vor allem den Vorteil, dass in dieser Zeit Korrekturen vorgenommen werden können. Ist man mit dem erzielten Resultat am zweiten Tag nicht mehr zufrieden, kann man ganze Partien entfernen oder neue ansetzen.

Das erhärtete Pappmaschee lässt sich schneiden oder sägen und noch weiter mechanisch bearbeiten, ein beispielsweise gebohrtes Loch reißt nicht aus und Lampen mit Stecksockel oder Bäume können in dem stabilen Pappuntergrund problemlos befestigt werden.

Modellbahnanlagen, deren Geländeform aus Hartschaumplatten (Styrodur) verschiedener Stärken oder Montageschaum entstanden ist, benötigen wegen der zum Teil angeschnittenen Hohlräume eine Oberflächenversiegelung entweder mit Pappmaschee oder mit Gips bzw. Fugenfüller. Die cremige Masse lässt sich mit einem Spachtelmesser wunderbar über den geformten, porösen Schaum streichen. Der Überzug sollte nicht zu dick sein, es reicht völlig aus, wenn der Schaum noch zu erkennen ist. Wichtig ist, dass Schnittkanten, Übergänge und grobe Oberflächen nun eine geschlossene Gipsfläche aufweisen.

Bei der Verwendung von Gips gibt man einen Schuss Weißleim oder Tapetenkleister in die angerührte Masse; dadurch bleibt sie länger geschmeidig und haftet besser nach dem Aushärten. Mit einem groben Schmirgelpapier werden Unebenheiten egalisiert.

Bodenauftrag

Jetzt hat man die ideale Grundlage, um mit der Landschaftsgestaltung zu beginnen. Doch zuvor benötigt man einen Boden, der möglichst natürlich wirken soll. Er kann von Mutter Natur stammen oder entstammt einer neutralen Basis wie beispielsweise feiner Vogelsand, der nach dem Verkleben mit Weißleim später gefärbt wird.

Ausgestaltung

Der Boden wird zuerst aufgestreut, dann man mit einer Sprühflasche benetzt und einem Wasser-Leim-Gemisch beträufelt. Die noch nasse Sandmasse lässt sich beliebig formen, so dass man nach dem Austrocknen die Grundlage für die Naturgestaltung geschaffen hat.

Felder und Äcker

Eine Ackerfläche kann man aus Pappe leicht selber herstellen. Dafür wird diese zunächst mit brauner Abtönfarbe angemalt. Auf die noch feuchte Farbe streut man mit einem feinen Sieb Muttererde auf und fixiert das Ganze mit Leim-Wasser-Gemisch. Möchte man einen frisch gepflügten Acker nachbilden, dient Wellpappe als Basis, weil die Wellen schon die Furchen ergeben. Behandelt wird die Pappe wie die Ackerfläche, zusätzlich kann mit Flocken und kleinen Grasfasern noch das abgeerntete, nicht umgepflügte Feld dargestellt werden.

Für die Nachbildung von Feldern, sei es als abgeerntete Fläche oder als reifes Getreidefeld, gibt es im Handel auch fertige Matten zum Zurechtschneiden und Aufkleben auf die vorgesehenen Flächen. Reife Getreide-, Mais- oder Hopfenfelder sind als Kunststoffbausätze bei der Firma Busch käuflich zu erwerben, ebenso Kürbisse und Weinstöcke. Die Ausführungen in Kunststoff wirken verblüffend echt und mit ein wenig Farbe kann man das Aussehen weiter steigern.

Gemüse und Blumen

Seit einigen Jahren überrascht der Hersteller Busch mit sehr filigranen Nachbildungen von kleinen Pflanzen für die Gestaltung der Modellbahnlandschaft. Die preisgünstigen Bausätze bestehen aus Kunststoffteilen, die vor der Aufstellung montiert werden müssen. In den letzten Jahren ist ein Sortiment entstanden, welches auf die Gartengestaltung abzielt und verschiedene Blumen und Ziersträucher, Blumenkästen sowie diverse Gemüsesorten wie Salate, Kohlköpfe und Gurken enthält. Aber auch Farne oder Pilze sind erhältlich.

Zur zusätzlichen Verfeinerung können die Pflanzen nach der Montage der jeweiligen Bausätze noch farblich nachbehandelt werden.

Grasfasern

Vor allem als Rasenmatten sind Grasfasern zahlreichen Modellbahnern geläufig. Sie wurden in dieser Form in den 1980er-Jahren durch die Woodland-Materialien stark verdrängt, erleben heute aber eine Renaissance, wenn auch in modifizierter Form. Als Bodendecker von Busch wirken die neuen Matten sehr lebendig und lassen sich besser verarbeiten als die klassischen Matten.

Eine Auffrischung der Begrünung auf einer bereits fertigen Anlage ist mit den neuen Heki-Wildgräsern oder Busch-Groundcover ohne Weiteres möglich, ja sogar in vielen Fällen sinnvoll, da die

Blüten können aus Schaumstoffflocken oder bunter, geraspelter Kreide entstehen.

Bei Büschen kann man Filterwatte bräunlich einfärben und anschließend beflocken.

Variantenreich lassen sich die selbst angefertigten Büsche am Gleisrand beflocken.

In kleinen Gemüsegärten wachsen Obst, Gemüse und Blumen auf engem Raum.

4 Landschaft und Begrünung

Entstehung verwilderter Wiesen: Durch das Aufspritzen des Weißleims bilden sich punktuelle Klebeflächen, auf die man verschiedene Grasfasern mit einem Elektrostat schießt.

neuartigen Grasmatten feinste Härchen als Grashalm-Imitationen besitzen. Die Firma Silhouette bietet Grasmatten an, deren Fasern auf einem Gewebe aufgetragen sind. Sie lassen sich gut formen, in kleinste Stücke schneiden und geben den Eindruck von Gräsern sehr gut wieder. Leider trägt das Material recht dick auf und sollte daher in den Boden mit eingearbeitet werden. Die Grasmatten gibt es in verschiedenen Ausführungen, die aber auch preislich zur gehobenen Kategorie gehören. Dank der Elektrostaten von Noch oder Heki können aber auch ambitionierte Modellbahner mit verschiedenen Faserlängen und Farben ganz individuelle Landschaften gestalten.

Laubbäume

Bäume unterscheiden sich nicht nur in Größe und Form, sondern auch in der Farbgebung der Baumstämme und Blätter voneinander. Birken haben beispielsweise eine weiß-schwarz-gemusterte Rinde, während Buchen eher graubraun sind. Solche Unterschiede lassen sich auch mit etwas Geschick mithilfe von Farben oder feinsten Schaumstoffflocken darstellen und erhöhen somit optisch die Vielfalt in der Welt der Bäume.
Die Mehrzahl der Hersteller bietet nicht nur fertige Bäume, sondern auch Baumrohlinge aus unterschiedlichen Materialien, in verschiedenen Größen, Farben und Formen an. Die Palette der verwendeten Materialien reicht von konservierten Naturprodukten über Kunststoffe bis zu verwobenen Metalldrähten.
Da die Baumrohlinge aus Kunststoff herstellungsbedingt einen unecht wirkenden Plastikglanz aufweisen, sollten sie mittels matter Farbe naturgerecht gestaltet werden. Der Vorteil bei diesen Kunststoffbäumen besteht darin, dass sich die einzelnen Äste durch vorsichtiges Biegen in jede gewünschte Form bringen lassen. Nach dem Bemalen kann man die Äste der Rohlinge mit Heki-Flor oder einer ähnlichen Foliage, die in kleine Stücke gerissen wird, locker behängen, oder man greift auf das Material von Silhouette zurück. Nach der farblichen Behandlung der Baumstämme und dem Überzug mit mattem Klarlack kann alternativ aber auch das Beflockungsmaterial der Firma Noch aufgestreut und anschließend das Ganze mit Klarlack nochmals fixiert werden.
Ein anderes Naturprodukt für die Herstellung von Bäumen sind Wurzeln. Für Bäume geeignete Wurzelzweige findet man bei einem Waldspaziergang an Wurzelballen umgestürzter oder frisch gerodeter Bäume. Man kann auch bei Bäumen an Bächen und Flüssen fündig werden, wenn dort ein Hochwasser die Wurzeln freigespült hat. Beim Sammeln ist darauf zu achten, dass die Wurzelstücke möglichst stark verzweigt sind. Vor der Verarbeitung sollten die gesammelten Wurzeln gewaschen und getrocknet werden.

Ausgestaltung

Kaum ein Wurzelstück wird im Originalzustand als Modellbaum verwendbar sein. Durch die gefühlvolle Ergänzung mit zusätzlichen Ästen und Zweigen wird erst die angestrebte Form erreicht. Dazu dienen andere dünne Wurzeläste.

Weitere Verfeinerungen, besonders bei der Gestaltung der Baumkrone, erzielt man durch Einarbeitung von trockenen Staudenstücken, die man vorzugsweise im Herbst, wenn die Blätter abgefallen und die Zweige verholzt sind, zusammensammelt. Für diese zusätzlichen Äste müssen in den Rohling entsprechend der Stärke der Äste kleine Löcher gebohrt und die Äste mit Klebstoff im Baumstamm fixiert werden. Die Baumkrone entsteht nach dem gleichen Verfahren. Lediglich die Äste sollten feiner sein. Dazu verwendet man die Staudenstücke. Das Gerippe hat seine endgültige Form erreicht, wenn es einem echten, unbelaubten Baum entspricht. Das Laub kann schließlich aus Foliage bestehen, die man von verschiedenen Herstellern beziehen kann.

Für die Frühjahrs- und Herbstbelaubung werden verschiedenfarbige Materialien angeboten. So kann man Obstbäume in ihrer Blütezeit, dann noch ohne Blattwerk, nachbilden oder farbige Laubbäume, wie man sie nur im Herbst antrifft. Wer geschickt mit Farbe umzugehen weiß, kann statt komplett bunter Bäume auch nur den Beginn einer Herbstbelaubung nachbilden. Mit einem Pinsel tupft man auf das spätsommerliche Laub (Dunkelolivgrün) nur stellenweise selbstgemischte Brauntöne auf oder mengt entsprechende Schaumstoffflocken unter das grüne Laubmaterial.

Nadelbäume

Vom einstigen Pionier in Bezug auf Baumfoliage, der Firma Noch, ist derzeit keine Innovation im Bereich der Laubbäume in Sicht, dafür überarbeitete sie ihre Kiefern. Das Beflockungsmaterial besteht nun aus grobporigen Schaumstoffflocken, wodurch die Kiefern im Vergleich zu den noch im Programm befindlichen Standardfichten etwas filigraner wirken.

Einen anderen Weg hat Busch eingeschlagen, die neuen Fichten sind nichts anderes als feine Grasfasern, aufgetragen auf in Spritzkunststoff charakteristisch nachgebildeten und zusätzlich lackierten Baumästen, so wie sie Noch seit einigen Jahren bei einigen ihrer Nadelbäume bereits verwendet. Die Wirkung bei den Busch-Bäumen ist jedoch verblüffend gut und kommt den Nadelbäumen von Silhouette recht nahe. Einzig das produktionsbedingte akkurate Aussehen der herunterhängenden Äste wirkt ein wenig steril. Dafür kann man winzig kleine Tannenzapfen, die als Kunststoffspritzling beiliegen, zusätzlich mit Klebstoff anbringen – und wer mag, belebt die Bäume mit Eichhörnchen oder Eulen, ebenfalls im Zubehörprogramm bei Busch erhältlich.

Weißmetallbaumbausatz von Woodland (1). Die Äste werden entgratet (2). Nach der Lackierung mit Braun erfolgt die Rindenstruktur mit Mattschwarz (3). Als Laubkern dient Filterwatte (4). Sie wird mit Foliage überzogen (5). Auf mageren Bäumen wird das Foliage direkt aufgetragen (6).

Eine Feldinsel mit Büschen und Baum bietet Dr. Schroll fertig für H0 an.

103

4 Landschaft und Begrünung

Kiefern sind typische Bäume des Flachlands und sind vor allem auf sandigem Boden wie an der Nord- oder Ostsee zu finden.

Lerchen haben im Spätherbst ein goldgelbes Nadelkleid, das sich in der Modellnatur ebenfalls vom Rest der Vegetation eindrucksvoll abhebt.

Im einem Wald sind nicht nur Gräser und Büsche, das Angebot an Farnen, bislang geätzt, ist nun auch um Kunststofffarne von Busch erweitert worden. Zusätzlich werden verschiedene Pilze und kleine Blumen angeboten. Alle haben jedoch eins gemeinsam, sie sind für den Maßstab 1:87 etwas zu groß. Sie eignen sich eher für die Nenngröße 0. Doch würde man maßstäbliche Pilze produzieren, so könnte man sie nach der Platzierung auf der Modellbahnanlage wahrscheinlich nicht mehr finden, daher die geringfügige Überproportionierung. Hier bleibt es dem kritischen Anlagenbauer selbst überlassen, ob er die kleinen Spritzguß-Waldpflanzen von Busch aufstellen möchte, kostengünstiger als Ätzteile sind sie allemal.

Materialbeständigkeit und Licht

Der größte Feind einer Modellbahnanlage ist der Staub. Nach und nach verblassen die Farben, und ein Grauschleier legt sich über die Landschaft. Wer die Möglichkeit hat, sollte seine Anlage deshalb in einem separaten Raum aufstellen, stets den Boden feucht wischen und dafür sorgen, dass wenig Staub in den Raum gelangt. Eine Luftfilteranlage tut ihr Übriges. Auch das Abdecken mit einer leichten Folie kann die Verstaubung in Grenzen halten.
Der Feind Nummer zwei ist das Sonnenlicht. Vor allem Schaumstoffflocken verblassen oder werden im Laufe der Zeit bei direkter Sonneneinstrahlung gelblich. Auch verlieren einige der Klebstoffe nach einiger Zeit an Kraft und die herrliche Blätterpracht rieselt langsam von den Bäumen.
Andererseits offenbart sich erst beim hellen Sonnenlicht die ganze Farbenpracht der Modell-

bahnlandschaft. Das kann man allerdings nicht von der gewöhnlichen Raumbeleuchtung sagen. Ihr Licht ist meistens zu dunkel und bei Glühbirnen überwiegt der Gelbanteil, den man durch zu grelle Farben wieder auszugleichen sucht. Da sind neutrale oder Tageslicht-Leuchtstoffröhren die bessere Alternative – und sie erzielen eine großflächigere Ausleuchtung bei vergleichsweise geringem Energieverbrauch. Sind die Farben der Begrünung erst einmal ausgeblichen, kann man sie entweder neu einfärben oder die alten Materialien durch neue der jüngsten Generation ersetzen.

Felsen: Steinhart und vielgestaltig

An jeder Bahnstrecke, die sich durch das Mittelgebirge schlängelt, finden sich steile, oft auch felsige Berghänge. Sie dürfen natürlich auch auf vielen Modellbahnen nicht fehlen.

Zur Modellierung der Felsstruktur gibt es viele Möglichkeiten. Von der Industrie werden verschiedene Felswände aus Hartschaum- oder Kunststoffplatten angeboten. Ein interessantes und durchaus realistisches Material ist auch Korkrinde, die bei farblicher Behandlung ein relativ natürlich aussehendes Gestein wiedergibt. Die meisten Zubehöranbieter haben verschieden große Felsplatten aus Kunststoff in ihrem Programm. Noch bietet zusätzlich fertige Felsbrocken aus Gips oder alternativ Silikonformen an, um sich aus Gips beliebig viele Felsbrocken selbst fertigen zu können.

Im Angebot einiger Hersteller ist eine eingefärbte Modelliermasse aus Pappmaschee zu finden, die mit Wasser zu einem leicht zu verarbeitenden Material wird. Es lässt sich ähnlich verarbeiten wie Gips, ist aber im ausgehärteten Zustand deutlich leichter. Geschäumte Styrodur-Platten können nur als schroffe Felsen genutzt oder in ungleichmäßige Stücke geschnitten und mit eingefärbtem Gips verspachtelt zu Gebirgsmassiven modelliert werden. Diese Platten lassen sich auch leicht schneiden, was ihre Einsatzmöglichkeiten und Verarbeitung stark erleichtert.

Wer sich die Gestaltung einer realistisch aussehenden Felswand nicht zutraut, kann auch Gesteinsstücke verwenden. Sie wirken natürlich echt, doch die Modellbahnanlage bekommt damit ein sehr hohes Gewicht.

Statt ganze Gesteinsbrocken zu verwenden, kann man auch einen etwas anderen, sehr interessanten Weg einschlagen: das Abformen von echten Gesteinsstrukturen. Auf Wanderungen hält man nach geeigneten Steinen Ausschau, die sich zum Abformen eignen. Dabei sollte man aber auf die Proportionen im Modellmaßstab achten, damit das Felsmassiv später nicht zu wuchtig erscheint. Hat man dann Steine gefunden, die den persönlichen Gestaltungsvorstellungen entsprechen, muss noch überprüft werden, ob diese keine Hinterschneidungen oder tiefe Spalten aufweisen, die nach

Ausgestaltung

Die steilen Modellberge haben oft zahlreiche massive Felswände. Erst die angehende Begrünung mit den ersten Bodendeckern lässt die Felsen etwas zurücktreten.

Werden größere Mengen Fels benötigt, helfen Silikonformen (1). Die kantigen Oberflächen stammen von echten Steinen (2). Die Felsbrocken werden am Untergrund befestigt (3) und in die Ausformung mit Pappmaschee einbezogen (4). Mit verdünntem dunklem Braun färbt man den Gips (5) und mit Hellgrau hebt man die Strukturen hervor (6).

4 Landschaft und Begrünung

Auf Modellbahnanlagen kommen in Steinbrüchen, ob aufgelassen und verwildert oder noch im Betrieb, die Felsen besonders zur Geltung.

Fertig geschäumte und eingefärbte Felswände unterschiedlicher Strukturen bietet Noch an.

Mit Schaumstoffblöcken von Busch lassen sich rasch Felsen erstellen. Mit einem Sägeblatt entstehen Spalten (1). Eine Bürste rauht die Flächen auf (2) und Farbe schließt die Poren wieder (3).

Auftragen und Aushärtung der Abformmasse mit deren Entfernung zum Problem werden können. Als Abformmasse haben sich Produkte (beispielsweise Silikon) aus dem Dental-Bereich bewährt. Man kann beim Besuch seines Zahnarztes nach einer regionalen Bezugsquelle fragen oder sich im örtlichen Branchenbuch über Dentallabors in seiner Umgebung informieren. Bevor die Masse aufgetragen wird, sollte die ausgesuchte Stelle mit einem Handfeger von Schmutz befreit und von losem Gesteinsmaterial gesäubert werden. Nun wird die Abformmasse nach Herstellerbeschreibung mit dem Härter zusammen angerührt. Dafür benutzt man am besten Gummihandschuhe, womit sich die Masse ohne Probleme zu einer Paste kneten lässt. Dabei ist noch zu beachten, dass der Aushärtungsvorgang schon beim Kneten der Masse beginnt und man deshalb zügig arbeitet. Mit den Händen wird die Masse dann gleichmäßig auf das Felsstück aufgetragen und festgedrückt. Nach kurzer Zeit kann mit dem Finger am Rand überprüft werden, ob die Masse schon ausgehärtet ist. Sollte dies der Fall sein, kann man die Urform, also den Stein, vorsichtig entfernen. Sollte es beim Ablösen der Form Probleme geben, empfiehlt es sich, beim nächsten Versuch den Fels mit einem Trennmittel einzustreichen. (Auskunft über Trennmittel erhalten Sie auch im Dentallabor.)

Um auf der Anlage unterschiedliche Felsstrukturen zu erhalten, sollten mehrere Urformen angefertigt werden, die ein Negativ von unterschiedlich strukturierten Steinen ergeben. Mit diesen Urformen kann man sofort zur Tat schreiten und Abgüsse herstellen. Zum Füllen der Formen eignen sich Gips, Keramin oder Keramikmasse. In der Praxis hat sich gezeigt, dass sich Keramin am besten eignet, da dieses Produkt nicht spröde ist und sich mit Messer und Feile noch nachbehandeln lässt. Möchte man dagegen sehr stabile Gipsteile, mengt man dem Gipsbrei Holzleim unter. Die Gummiformen lassen sich wunderbar biegen und geben die erhärteten Formstücke wieder frei. Geht dabei ein Gussteil kaputt, kann man es jederzeit durch ein neues ersetzen, das Bruchstück findet später auch seinen Platz auf der Anlage.

Die unterschiedlichen Ausgangsmaterialien sollten schon beim Anrühren eingefärbt werden. Das hat den Vorteil, dass beim Abbrechen kleinerer Stücke nicht der weiße Ton der Abgussprodukte sichtbar wird. Zum Färben ist am besten schwarze Beize geeignet, die man in Baumärkten bekommen kann. Sie wird in kleinen Mengen der Gießmasse beigegeben. Mit dieser Masse werden anschließend die Urformen gleichmäßig ausgegossen. Die Aushärtezeit ist je nach Menge unterschiedlich lang, aber spätestens nach einer Stunde ist die Masse fest und kann aus der Form genommen und zum weiteren Aushärten beiseite gelegt werden, um später auf der Anlage ihren Platz zu finden.

Ausgestaltung

Die aufgeklebten Gipsabgüsse bettet man mit Pappmaschee in die bereits vorgeformte Oberfläche ein oder die unerwünschten Zwischenräume und Spalten werden mit im gleichen Farbton eingefärbtem Gips verspachtelt. Mit einem Messer oder Stechbeitel können dann die Konturen nach Wunsch nachgraviert werden.

Nun beginnt die Einfärbung der Felswände. Da der unbehandelte Gips eine stark saugende Oberfläche besitzt, dringen Wasserfarben schnell in ihn ein. Diesen Effekt macht man sich bei der Einfärbung zunutze. Die gesamte Felsfläche überzieht man mit stark verdünnter dunkelbrauner Abtönfarbe. Vor allem in den Ritzen lagern sich die fast schwarzen Farbpigmente vermehrt ab. Dadurch erzielt man eine Tiefenwirkung. Mit jedem Farbgang verändert sich die Gipsoberfläche, sie nimmt verschiedene Farbschattierungen an.

Hat man statt der Gipsteile Pappmaschee zu Felspartien geformt, geht man bei der Bemalung anders heran. Die gesamte Fläche erhält einen dunkelgrauen Anstrich. Jeder darauf folgende Farbgang wird zunehmend heller. Doch diesmal ist die Farbe nicht flüssig, sondern fast schon angetrocknet. Mit einem Borstenpinsel, betupft mit grauer Farbe, streicht man leicht über die raue Felsformation. Die helle Farbe bleibt auf den Erhebungen stehen. Nach mehreren Farbgängen hat man einen sehr realistisch aussehenden Felsen.

Auch wenn später die Felswände zum Teil recht stark bewachsen sein werden, sollte man sie großzügig anlegen, da einige Steinflächen zwischen der Begrünung wieder durchschimmern. Mit Streumaterial und Foliage, Büschen und Bäumen wird schließlich das gesamte Erscheinungsbild des Berges einschließlich seiner Felsen abgerundet.

■ Goldene Regeln

1. Die Nachbildung der Natur im Kleinen ist immer eine Abstraktion.
2. Die Gestaltung hochwertiger Modellbahnanlagen verträgt sich nicht mit traditionellen Materialien wie beispielsweise Islandmoos, gefärbten Sägespänen oder groben Schaumstoffflocken.
3. Bei der Flora-Nachbildung sind grelle Grüntöne ebenso zu vermeiden wie Wiesennachbildungen mit mehrfarbig bunten Fasern.
4. Vegetationsabfolgen und -zeiten müssen im Jahreslauf beachtet werden und somit abgestimmt sein – Tulpen passen nicht neben blühende Sonnenblumen.
5. Bei der Auswahl der Pflanzen sollte deren natürliche Umgebung beachtet werden, so sind z. B. hochstämmige Kiefern auf Alpen-Anlagen deplatziert.

Aus Modellbauschaum lassen sich Wüstenberge nachbilden. Die Kakteen entstanden hier aus Pfeifenreiniger.

Aus mehreren Gipsteilen setzt sich die Felswand zusammen.

Werkzeuge und Materialien:

- Hartschaumplatten, Bauschaum, Pappe
- Verschiedene Spachtel, Stechbeitel
- Gips, Wasser, Holzleim, feiner Sand
- Schleifpapier
- Borstenpinsel
- Wasserlösliche Abtön- Acryl- und Gouachefarben, Beizen
- Styropor- und Kontaktkleber
- Foliage, Streufasern, Minigewächse
- Elektrostat (Option)

Von echten Steinen nimmt man einen Silikon-Abdruck (1). In die so gewonnene Gummiform gießt man einen Gipsbrei (2), der anschließend verteilt wird (3).

4 Wasser

In H0 lassen sich derart wilde Gebirgsbäche am besten mit Acryl-Fugenmasse nachbilden.

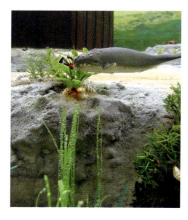

Im Hamburger MiWuLa verwendet man im Skandinavienteil echtes Wasser und künstliche Fische.

Flussgestaltung in 1:87: Zuerst wird der Flussgrund begrünt (1). Danach beklebt man den Wasserfall mit Watteflocken (2). Zur Nachbildung des Wassers dient das E-Z-Water-Granulat, das zum Verflüssigen erwärmt werden muss (3). Das heiße, flüssige Material wird vorsichtig eingegossen (4). Zuletzt erhalten die Schaumkronen ihre weiße Farbe (5).

Gewässer schufen sich in Jahrtausenden durch Gebietssenkungen oder Auswaschen von Gesteinen ihr eigenes Bett. In der Natur üben sie auf uns Menschen eine starke Faszination aus. Daher liegt es auf der Hand, in der kleinen Miniaturwelt der Modellbahn auch das nasse Element wiederzugeben. Dazu stehen unterschiedliche Materialien wie Kunststoffe, Gießharz oder einfache Folien zur Verfügung.

Das Flussufer entsteht

Idealerweise formt man die Ufer, wie auch das übrige Anlagengelände, heute aus Styrodurplatten. Die in Konturen geschnittenen Lagen werden auf den ebenen Untergrund geklebt. Nach und nach entstehen Schichten, die mittels Heizdraht oder auch Bastelmesser in Form geschnitten werden. Das noch scharfkantige Ufer erhält mit einer Halbrund-Raspel danach den Feinschliff.

Anschließend verspachtelt man das Flussufer mit einem Gemisch aus Sand und Weißleim. Das empfiehlt sich nicht nur aus gestalterischen Gründen, sondern dichtet auch das Flussbett ab. Flüssiges Gießharz, Standard-Werkstoff im professionellen Anlagenbau, kann später beim Einfüllen nicht entweichen und sich unkontrolliert ausbreiten. Gießharz als Wasserimitation hat im Vergleich zu anderen Materialien wie Seefolie oder lackierter Wasseroberfläche den entscheidenden Vorteil, dass es nach dem Aushärten glasklar ist, vergleichbar mit extrem sauberem Wasser. Diese Wirkung wird im Modell zwar nur bei Gebirgsbächen und kleinen Seen gewünscht, doch in Verbindung mit Farben und Gestaltungselementen wie Pflanzen und Steinen oder anderem auf dem Gewässergrund, wie alte, verrostete Fahrräder oder Autowracks, lassen sich mit dem glasklaren Gießharz verblüffend echt aussehende Gewässer erzielen.

Das Gießharz kann man zudem beliebig mit lösemittelhaltigen Farben abtönen. So lassen sich etwa Zusammenflüsse verschiedener Flüsse simulieren. Der Hauptgrund für die Verwendung von Gießharz liegt aber in der Möglichkeit, beliebige Gegenstände, und seien es nur stehende Figuren oder Schilfpflanzen sowie schwimmende Boote, in der flüssigen und klebrigen Masse einzuschließen, um diese nach dem Aushärten dauerhaft fest in der durchsichtigen Masse verankert zu haben.

Farbe des Wassers

Zu Beginn muss natürlich geklärt sein, ob es sich um einen klaren Bach handelt oder um ein stehendes, leicht trübes Gewässer. In der Regel sind die meisten breiteren Gewässer nicht ganz klar, Algen und andere schwimmende Mikroteilchen versperren den Weg des Lichts bis auf den Grund. Die Tiefe des Gewässers spielt auch eine Rolle.

Entsprechend fällt die Farbe aus. Ein Moorteich schimmert bräunlich, das Wasser eines Tümpels eher grünbraun. Spiegelt sich der sonnige Himmel im Wasser, neigt die Wasserfarbe zu einem leichten Blauton. Ist das Gewässer tief, tendiert die Farbe von sauberem Wasser zu einem tiefen Blau. Seen am Rande eines Gletschers dagegen sind Türkis. Abgesehen von glasklaren Gewässern erzielt man die Gewässertiefe allein durch Farben, die entsprechend angemischt werden. Vom Flussufer ausgehend wird die Wasserfarbe zunehmend dunkler, so simuliert man Tiefe. Der Farbübergang sollte flie-

Ausgestaltung

Die gegen den Strom schwimmenden Schwäne verursachen Wasserwirbel, welche im Maßstab 1:87 mit Bootslack und 2-Komponetenkleber nachgebildet werden.

ßend sein. Eine Mischung aus Grau und Blau mit einem Schuss Grün bildet für flachere Flüsse die günstigste Variante. Verwendet werden kostengünstige Abtönfarben. Ihr matter Farbton wird später durch das glänzende Gießharz überdeckt.

Der Gewässeruntergrund ist natürlich eben und braucht dabei nicht glattgeschliffen zu sein, geringe Unebenheiten gehen später unter der etwa ein Zentimeter dicken Gießharzschicht fast verloren und wirken sogar etwas belebend.

Das gerade in der Epoche III noch nicht sehr ausgeprägte Umweltbewusstsein trug oft zur Verschmutzung von Flüssen und Bächen bei. So kann man Unrat verschiedenster Art in das Modellflussbett streuen, vom verrosteten Fahrrad oder Öltonnen bis zu einem kompletten Autowrack ist alles denkbar. Der Sicherheit wegen werden die Accessoires und die Begrünungsflocken mit verdünntem Weißleim oder mattem Klarlack fixiert, damit später das in das Flussbett einlaufende Gießharz die Kleinteile und Schaumstoffflocken nicht wegschwemmen kann.

Wasserschaum

Aufgewirbeltes Wasser, etwa an Wehren oder Uferwänden, bildet helle Gischt, welche mit weißer, leicht glänzender Farbe dargestellt wird. Mit einem dünnen Pinsel trägt man die Acrylfarbe auf den ausgeformten Wellenkronen dezent auf.

Wasserfälle kann man mit Watte darstellen, die nach dem Aufkleben mit Gießharz oder Zweikomponentenkleber getränkt wird. Auch dort wird die Gischt anschließend aufgemalt. Vorbildfotos sind beim ersten Mal sicherlich hilfreich, um die Gischt auf überzeugende Weise darzustellen.

Weitere Darstellungsmöglichkeiten

Allen voran und seit Jahrzehnten im Gebrauch ist die Verwendung einer geriffelten Plexiglasscheibe. Sie wird über einen ebenfalls gestalteten Seegrund montiert und ersetzt so das Gießharz. Der entscheidende Nachteil ist aber die sehr oft durchgehend gleichmäßige Wellenstruktur.

Alternativ kann man eine glatte Platte verwenden, die mit aufgetragenem, durchsichtigem Zweikomponentenkleber ihre Wellenstruktur erhält.

Auch Gel als Gießharzersatz ist denkbar, es wird ähnlich verarbeitet wie das ebenfalls zu erhitzende E-Z-Water-Granulat von Woodland/Noch. Letzteres erfordert einen hitzebeständigen Untergrund, kann also nicht direkt auf Styropor mit einer dünnen Gipsschicht aufgetragen werden, sondern nur auf Sperrholzplatten mit gestaltetem Bachbett. Der Vorteil dieses Produktes liegt neben der Geruchsarmut vor allem in der nachträglichen Formbarkeit, denn mittels eines Heißluftföns kann man das E-Z-Water jederzeit wieder verflüssigen und die Wassernachbildung verändern.

Werkzeuge und Materialien:
- Gießharz, E-Z-Water-Granulat
- Heißluftfön
- Verschiedene Spachtel
- Steingranulat, Begrünungsflocken
- Haar- und Borstenpinsel
- Abtön-, Acryl- und Gouachefarben
- Zweikomponenten- oder Sekundenkleber

4 Wege und Straßen

Der Verkehr über Land vollzieht sich über von Dorf zu Dorf und Stadt zu Stadt verlaufende Landstraßen. Sie entwickeln ihren eigenen Charme, vor allem die schmalen, kurvenreichen Sträßchen für beschaulichere Geschwindigkeiten. Wer die Romantik typischer Landstraßen genießen und daraus Anregungen für die Gestaltung im Modell ziehen will, dem seien die schier endlosen Alleen Mecklenburgs empfohlen. Ganz charakteristisch für die alten, gepflasterten Landstraßen ist deren mittige Aufwölbung. Dies diente der Ableitung der Belastungen zum Rand und verhinderte Schäden durch lockere Pflastersteine. Das sollte auch im Modell unbedingt so dargestellt werden. Dadurch erhalten die Fahrzeuge eine deutliche Schlagseite.

Im Laufe der Zeit verdrängten bei Straßenerneuerungen oder -neubauten Teer- und Betonbeläge schon aufgrund einfacherer Handhabung und zunehmender Mechanisierung bei der Verarbeitung die Straßen mit Kopfsteinpflaster. Vielfach wurden die alten Straßen aber auch ganz einfach mit einem Asphaltüberzug zugeteert.

Landstraßen im Modell

Für den Bau von Asphalt- oder Betonstraßen ab Epoche II offerieren die einschlägigen Zubehörhersteller entweder selbstklebende Folien oder farbigen Karton als Meter- oder Plattenware, die man der Straßenlänge entsprechend zuschneidet. Dabei ist darauf zu achten, dass die Stoßkanten der einzelnen Abschnitte sehr genau aneinander liegen. Die Selbstklebefolien lassen sich bedingt auch im Kurvenradius verlegen. Man sollte das elastische Material nicht zu stark überdehnen, da sich die aufgeklebte Fläche wieder zusammenziehen kann und unansehnliche Spalten im Modellbelag dauerhaft sichtbar bleiben.

Außerdem findet sich im Angebot zum Straßenbau farblich abgestimmte Dispersionsfarbe. Mit ihr lässt sich durch gleichmäßigen Auftrag mittels eines breiten Flach- oder Malerpinsels auf einem festen und staubfreien Untergrund ein dem Vorbild entsprechendes Ergebnis erzielen.

Bei Spörles Selbstbau-Gipsstraßen beinhaltet der entsprechende Formensatz auch eine Vorlage für eine beschädigte Teerstraße mit Rissen und Flicken. Bei der Verarbeitung der gegossenen Platten sind überstehende Kanten und große Fugen zu vermeiden. Kleinere Fugen durch überstehende Kanten lassen sich besser verschleifen als spachteln. Geflickte Straßen wirken auf den Betrachter je nach Epoche und insbesondere im Zusammenspiel mit Kopfsteinpflaster oft realistischer als makellose. Für die Farbgebung gilt dasselbe wie bei den Pflasterstraßen, nur der Farbton sollte eher Anthrazit bis Schwarz sein. Frisch aufgebrachter Teer lässt sich am einfachsten mit etwas Anthrazitkohlenstaub versetztem glänzenden Klarlack reali-

Liebevoll gestaltete Szenen wie diese mit verrutschter Ladung in H0 beleben Modellstraßen.

Epochegerechte „Schlagseite" von Autos auf einer alten, gepflasterten Landstraße. Wurde nur aufasphaltiert, blieb sie erhalten.

Die wichtigsten Maße für Straßen verdeutlichen nebenstehende Grafik und Tabelle.

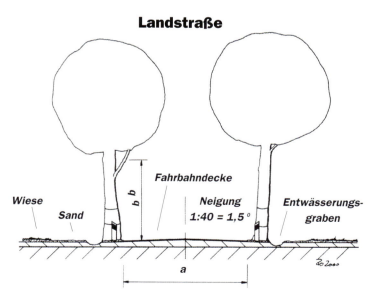

Maße für Landstraßen

Angabe	0	H0	TT	N	Z
a	133,5 mm	69 mm	50 mm	37,5 mm	27,3 mm
b	88,9 mm	46 mm	33,5 mm	25 mm	18,2 mm

Ausgestaltung

sieren. Zur Belebung sollte man dann aber unbedingt auch eine Reparaturkolonne mit ihren Gerätschaften bei der Arbeit darstellen.

Neben den Landstraßen verlaufen tiefere, oft verkrautete Straßengräben, die so manchem Autofahrer, aber auch spätem Wirtshausbesucher zum Verhängnis geworden sind. Auch diese sollte man im Kleinen nachbilden.

Alte Landstraßen werden oft noch von Kilometersteinen und Begrenzungspfosten aus Holz begleitet und im Süddeutschen steht da und dort ein „Marterl", ein blumengeschmücktes Kreuz. Und wenn die Landstraße ein Dorf durchquert, erhält sie, häufig nur an einer Seite, einen Bürgersteig, den man mit Modellmenschen beleben sollte. Für Straßen ab der Epoche IV sollte man die allgegenwärtigen Leitplanken nicht vergessen.

Stadtstraßen

Vor allem in den Städten unterliegen Straßen mit allem epochebedingten Entwicklungen. Straßenpflaster und Asphaltfolien für die Modellgestaltung hält das Zubehörsortiment des Fachhandels in unterschiedlicher Ausprägung bereit. Damit lassen sich die gängigen Straßentypen vorbildentsprechend nachempfinden. Straßenfolien werden teilweise aus elastischem Material angeboten, so dass sich auch Kurven nachbauen lassen.

Der Straßenbelag dient auch der Vermittlung von Informationen. Da sind Richtungspfeile, Spurstreifen, Busbuchten und Geschwindigkeitsbegrenzungen in weißer Farbe für den Autoverkehr aufgebracht, die man zur Auflockerung des grauen Straßenbilds unbedingt im Modell nachbilden sollte. Auch Zebrastreifen sind belebende Elemente. Falls nicht in der Baufolie vorgesehen, sollte man keinesfalls die „Gosse", den schmalen Streifen zwischen Straßenbelag und Bürgersteig, vergessen, der durch Kanalisationsgitter aufgelockert wird. Pfützen am Straßenrand, einfach mit Klarlack aufgebracht, fördern das realistische Aussehen ebenso wie Bremsspuren und Ölflecken.

Das Straßenbild einer weitgehend kriegszerstörten und nach Gesichtspunkten der 1950er-Jahre wiederaufgebauten Stadt hinterlässt einen anderen Eindruck als ein über Jahrhunderte gewachsenes mittelalterliches Städtchen mit alten Häusern und schmalen Gassen mit Kopfsteinpflasterung.

Die Straßen der Städte bestanden mindestens bis zur Mitte des letzten Jahrhunderts aus behauenen Natursteinen. Diese stammten zumeist aus der näheren Umgebung, um die Transportwege vom Steinbruch zu den Baustellen möglichst kurz zu halten. Verwendet wurden hauptsächlich Granit und Basalt, aber auch Steine aus Abfallprodukten wie zum Beispiel Schlacken aus der Eisen- und Stahlindustrie. In Steigungen wurden die Pflastersteine häufig im Verbund mit anders behauenen Anfangssteinen schräg zur Fahrtrichtung verlegt.

Bahnübergänge spielen auf der Modellbahn eine besondere Rolle, aber nicht alle sind so mustergültig umgesetzt wie dieser auf der Bad Driburger H0-Schauanlage M0187.

Typisch für Wege sowie generell Nebenbahnen sind unbeschrankte Übergänge mit dem Andreaskreuz als einzigem Warnhinweis.

Während der Blinklichtreparatur wird der Verkehr durch Bahnpersonal gesichert.

4 Wege und Straßen

Vorbildgerecht breite Straßen mit abgesenkten Bordsteinen an Einfahrten und korrekter Beschilderung nebst Laternen sollten nicht nur im klassischen Maßstab 1:87 verwirklicht werden.

Komposition einer Stadtstraße mit Kopfsteinpflaster und Bürgersteigen aus Platten (1). Mit Sand verfüllt man Fugen zu Bauten (2). Übergänge von Platten werden verspachtelt (3) und Hofeinfahrten vorbildgerecht abgesenkt (4).

Heute findet sich Kopfsteinpflaster hauptsächlich noch in restaurierten historischen Stadtkernen, aber auch in weniger frequentierten Nebenstraßen. In modernen Fußgängerzonen wurde dieses Material dagegen durch eine Pflasterung aus Betonsteinen in verschiedenen Formen und Farben ersetzt. Für den Modellbau von Kopfsteinpflasterstraßen bieten die Zubehörhersteller entweder Meter- oder Plattenware als selbstklebende Folie, farbigen Präge- oder Fotokarton oder geschäumtes Polystyrol. Eine Alternative sind im Spritzgussverfahren hergestellte Polystyrolplatten, die man dem Straßenverlauf entsprechend zuschneidet. Bei einigen Produkten sind Rinnsteine und Gullys bereits mit angedeutet. Möchte man jedoch auf seiner Modellbahn vorbildgetreue Stadtstraßen mit korrektem Fugenverlauf und im Planum verlegten Straßenbahnschienen realisieren, bleibt nur der Selbstbau. Kann man die Platten bei geradem Straßenverlauf noch großflächig verlegen, so sollten in Kurven Abschnitte aus verschieden breiten Streifen gefertigt werden. Sie werden mithilfe eines Kontaktklebers auf den Untergrund geklebt. Eventuelle Spalten können mit Nitrospachtel verfüllt und die Fugen nachgraviert werden. Auch die Kanaldeckel in der Straßenmitte sollten nicht vergessen werden. Die Nachbehandlung geschieht mit grauen und braunen Kunstharz- oder Pulverfarben.

Alternativ kann man auch auf Klaus Spörles Gips-Straßen zurückgreifen, vor allem, wenn man rationell große Flächen pflastern möchte. Die einzelnen Straßenteile entstehen aus Silikonformen. Ein Straßenformsatz enthält sowohl gerade wie auch Kurven- und Kreuzungsteile, deren Fahrbahn vorbildgerecht gewölbt ist. Da Kurvenradien und Straßenbreiten festgelegt sind, ist ein individueller Straßenbau nur mit einigem Aufwand möglich.

Zum Gießen benötigt man eine Schüssel mit durch Spülmittel entspanntem Wasser, einen Gummitopf zum Anrühren der Gipsmasse, einen Löffel zum Füllen der Formen und ein kurzes Lineal zum Abstreifen der überflüssigen Gießmasse.

Die Gipsstraßen brauchen einen festen, ebenen Untergrund. Muss gestückelt werden, hilft eine feinzahnige Säge beim Ablängen. Das Verkleben erfolgt am besten mit Weißleimen wie Ponal oder Uhu Coll. Zum Einfärben der Oberflächen eignen sich vor allem die wasserlöslichen Acrylfarben von Schminke oder Lukas. Bei ihnen bleibt die Steinstruktur auch nach mehreren dünnen Anstrichen erhalten. Leichte Schattierungen erzielt man kurz vor dem Austrocknen der grauen Grundfarbe durch das Auftupfen von Rotbraun und Gelb.

Ausstattungsdetails

Was wäre die Stadtstraße ohne Bürgersteige! Auch für deren Gestaltung im Modell gibt es vorgefertigte Elemente der einschlägigen Hersteller. Einige Sorgfalt erfordert das Anbringen der Bordsteine, vor allem deren Ausrundungen im Bereich von Straßeneinmündungen oder Kreuzungen. Vergessen werden sollten nicht die Absenkungen der Bordsteine in Toreinfahrten. Zur Auflockerung des Modellstraßenbildes ist die Montage von Straßenlaternen sowie das Aufstellen von Papierkörben, Litfaßsäulen, Fahrradständern und sonstigem Kleinzeug zu empfehlen.

Was aber erst richtig Leben in die Straßen der Stadt bringt, sind die Menschen, die dort unterwegs sind – zu Fuß, im Kinderwagen, auf dem Fahrrad, im Auto, in der Straßenbahn oder im Bus. Anbieter wie Preiser, Merten und andere produzieren Modellmenschlein in verschiedenen Nenngrö-

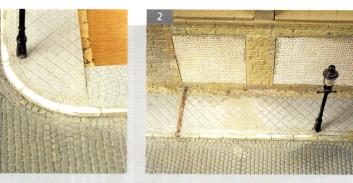

Ausgestaltung

ßen. Diese sind in epochenspezifischem Aufzug bemalt oder unbemalt erhältlich. Wer über ein sicheres Auge, ruhige Hände und etwas Talent zum Malen verfügt und sich ein wenig in Kostümkunde auskennt, dem sei empfohlen, seine Bevölkerung selbst anzumalen – in matten Farben.

Als „Bahn in der Bahn" bringt der Einbau einer Straßenbahnlinie mit langsam um die Ecken zuckelnden Wägelchen außerordentlich viel Leben auf die Anlage. Rillenschienen für den vorbildgerechten Streckenbau sind verfügbar. Mit ihren automatischen Halten und Anfahrten ist eine Straßenbahn ein höchst attraktiver Anlagenblickfang. Von Spezialherstellern sind in großer Variationsbreite Autos, Busse und Lastkraftwagen, auch als historische Fahrzeuge, zu erhalten, die man sogar mit Beleuchtungen ausrüsten kann.

Feldwege

Im Zuge der Urbarmachung Germaniens überzog ein immer dichteres Wegenetz die wirtschaftlich genutzten Landflächen. Diese Feldwege sind noch heute logistische Adern für die Landwirtschaft.

Platz für landwirtschaftliche Fuhrwerke müssen Feldwege natürlich schon bieten. Aber auch nicht mehr, denn fürs Überholen sind sie nicht bestimmt. Eine Befestigung gibt es für Feldwege nicht; allzu tiefe Löcher und Kuhlen werden, wenn erforderlich, mit Bauschutt aufgefüllt. Weitgehend vegetationsfrei bleiben lediglich die beiden oft tief eingegrabenen Fahrspuren, vor allem in den Monaten, in denen reger Verkehr zwischen Bauernhof und Feldern stattfindet. Diese Fahrspuren lassen sich auf dem Modell-Feldweg recht einfach, realistisch und maßstäblich herstellen, indem ein entsprechendes Fahrzeug, ein Traktor zum Beispiel, unter ungleichmäßigem Druck auf dem noch weichen Modelluntergrund entlanggefahren wird. Zwangsläufig bildet sich dabei auch der für Feldwege typische Hubbel zwischen den Fahrrillen, der unregelmäßig begrünt wird. Sehr realistisch wirken mit Klarlack produzierte Feuchtstellen und Pfützen in den Fahrspuren. Ränder der Feldwege sollten unregelmäßig mit Schaumflocken und Gras und damit lebendig bepflanzt werden.

Verkehr

Zur Belebung der Modellstraßen trägt seit Jahren das Car-System von Faller bei. Dabei fahren die Modelle, von kleinen, magnetbesetzten Schleifern gesteuert, entlang eines in der Fahrbahn versenkten Leitdrahtes. Die Stromversorgung geschieht mit fahrzeugeigenen Akkus, zur Steuerung besitzen die Fahrzeuge neben dem Hauptschalter noch Reed-Kontakte. An Kreuzungen und Bahnübergängen können diese mittels Spulen geschaltet und die Fahrzeuge so gestoppt werden. In seiner jüngsten Version eignet sich das Car-System auch für landwirtschaftlichen Verkehr auf Feldwegen.

Zur Gestaltung von H0-Stadtstraßen gehören auf den Gehwegen Haltestellen, Infosäulen usw.

Auf dem Land überwiegen selbst in Epoche IV kleine Sandwege und einfache Schotterpisten.

Werkzeuge und Materialien:
- Balsaholz
- Bastelmesser, Stahllineal
- Vogelsand, Pflasterplatten aus Polystyrol
- Kanal- und Gullydeckel
- Nitrospachtel
- Schleifpapier, Glashaarradierer
- Diverse Kunstharzfarben
- Holzleim, Kontaktkleber

■ Goldene Regeln ■

1. Vorbildgerecht breite Straßen sind in der Regel 2,5 bis 3 Modell-LKW breit; städtische Gehwege sollten umgerechnet mindestens 2 m breit sein.

2. Die Ausgestaltung der Straßen mit Laternen, Beschilderungen und Autos sollte der gewählten Epoche entsprechen.

3. Das Verwenden des Faller-Car-Systems erfordert eine entsprechende Vorplanung bei der betriebssicheren Fahrweggestaltung mit Ausweichen, Kreuzungen etc.

Seit Epoche IV sind Begrenzungspfosten obligatorisch und gehören daher auch an Modellstraßen.

113

4 Gebäude und Siedlungen

Einen besonderen Reiz üben großzügig angelegte Siedlungen aus, zumal wenn sie ein konkretes Vorbild wie hier die H0-Nachbildung von Oberhausen haben. Im Regelfall ist dies aber nur mit einem sehr hohen Eigenbauanteil an den Gebäuden umsetzbar.

Werkzeuge und Materialien:
- Bastelmesser, Stahllineal, Anschlagwinkel
- Flüssiger Polystyrolkleber, Sekundenkleber
- Verschiedene Nadelfeilen
- Diverse Strukturplatten und Streifen aus Polystyrol
- Nitrospachtel
- Nassschleifpapier 280er- bis 400er- Körnung
- Haarpinsel, diverse Kunstharzfarben

Für die Ausgestaltung einer Modellbahnanlage mit Gebäuden gibt es ein fast unübersehbares Bausatzangebot der einschlägigen Zubehörindustrie. Aus den wenigen, niedlichen Faller- oder Auhagen-Häuschen der Nachkriegszeit sind veritable Dörfer und Städte geworden.

Wem jedoch trotz dieser gewaltigen Auswahl an Bauwerken daran gelegen ist, ein ganz spezielles Gebäude im Modell nachzubilden, etwa sein eigenes Domizil oder ein besonders interessantes altes Haus, der kann dies mit dem sehr reichhaltigen Programm der Zubehörhersteller, aber auch mit „Bordmitteln" durchaus unternehmen. Voraussetzungen für eine gelungene Umsetzung eines Gebäudes ins Modell sind selbstverständlich Maßstäblichkeit und Detailtreue.

Bahnhofsanlagen

Jedes Ding hat zwei Seiten. Das gilt selbstverständlich auch für Bahnhöfe. Als Schnittstellen beispielsweise zwischen Straßen- und Schienenverkehr sind die Seiten eindeutig vorgegeben und zugewiesen. Betrachten wir zunächst die der Bahn zugewandte Seite. Beherrscht wird sie im Wesentlichen von den Bahnsteigen, bei denen bereits die Gestaltungsmöglichkeiten für den Anlagenbauer beginnen.

Bahnsteige gibt es im Vorbild in verschiedenen Bauarten und -maßen. Auf kleinen Landbahnhöfen werden die Bahnsteige oft nur mit Kies bestreut, die niedrigen, die Schienenoberkante kaum überragenden Bahnsteigkanten sind gemauert oder selbst in der modernen Epoche V noch aus in den Boden gerammten Stahlprofilen oder Schienenstücken und Holzbohlen aufgebaut.

Eine Stufe moderner sind Bahnsteigkanten aus vorgegossenen Betonfertigteilen in der charakteristischen Kastenform. Diese Bahnsteige liegen schon etwas höher, beim Vorbild rund 40 cm. Für die Bahnsteigkanten führen die Zubehörhersteller entsprechende Bauteile aus Polystyrol. Sie lassen sich mit einem Bastelmesser gut in der Länge kürzen. Im ländlichen Umfeld sind die Bahnsteiggleise oft in Sand gebettet.

Die Bahnsteige größerer Bahnhöfe sind heutzutage meist mit Platten belegt oder auch asphaltiert. In der Neuzeit sind die letzten Plattenreihen vor der Bahnsteigkante aus Sicherheitsgründen immer häufiger mit rutschhemmenden Rillen und weißen Linien zur Orientierung für sehschwache Reisende versehen. Die Höhe der Bahnsteige, zwischen 60 und 80 cm liegend, erlaubt es den Zugreisenden, bequem ein- und auszusteigen. In ganz modernen Bahnhöfen kann man sogar auf einem Höhenniveau ohne Stufe, im Fernverkehr 115 cm, vom Bahnsteig in den Wagen gelangen.

Auf Bahnsteigen ist eigentlich immer etwas los, es sei denn, es handelt sich um einen wenig angefahrenen Bahnhof auf dem Lande. Aber auch in einem derartigen Umfeld lässt sich das Bahnsteigbild im Modell mit wenigen Details verfeinern und beleben. Fehlen dürfen auf keinen Fall die Bahnsteigbeleuchtungen, die je nach Epoche altertümliche

Ausgestaltung

Schmuckstücke sind. Ein paar Handkarren stehen am Bahnsteig herum, an denen sich ein Bahnbediensteter zu schaffen machen kann. Fahrgäste werden kaum in Scharen anzutreffen sein, außer es handelt sich um den Bahnhof eines Urlaubsortes. Bei großen Bahnhöfen sind Bahnsteige praktisch immer mehr oder weniger durch Reisende mit ihrem Gepäck belebt. Es gibt Kioske für Zeitungen und Reiseproviant, Papierkörbe, Hinweistafeln mit Abfahrts- und Ankunftszeiten, Wagenstandsanzeiger, Lautsprecher und noch vieles mehr, was im Modellbahnhof zur szenischen Belebung unbedingt eingesetzt werden sollte.

Lebendiger Vorplatz

Die zweite Seite des Bahnhofs, bei großen Bauten oft eine beeindruckende Fassade zur Stadt hin, verdient es gleichermaßen, im Modell detailliert und lebendig gestaltet zu werden. Jeder Bahnhof hat seine Zufahrt; im ländlichen Revier ist es einfach eine Straße mit Parkplätzen und Bushaltestelle, in der Stadt sind es meist weite Plätze, auf denen reichlich Parkmöglichkeiten vorhanden sind. Es gibt Taxistände, in frühen Epochen Droschkenplätze, Bushaltestellen und/oder Straßenbahnstationen. Mit reichlich Passanten- und Fahrzeugverkehr entsteht im Modell ein lebhafter und dadurch attraktiver Anlagenmittelpunkt.

Die Stadt: Kulisse für den Modellbahnhof

Entscheidend für die Entwicklung der Eisenbahn war ihre städteverbindende Funktion. Der Bahnhof als Ziel- oder Ausgangspunkt der Reise gehörte bald als integraler Bestandteil zu den Städten. Deshalb nimmt auch der „Städtebau" rund um das Bahnhofsareal eine sehr wichtige Stellung in der Modellanlagengestaltung ein.

Als selbstverständlich darf vorausgesetzt werden, dass sich der Bau von Modellstädten immer nur mit vergleichsweise winzigen Ausschnitten echter Städte begnügen muss. Da kommt dann allenfalls das engere Bahnhofsumfeld in Frage.

Die oft Bahnhofstraße genannte direkte Zufahrt zum Bahnhof ist meist eine belebte Geschäftsstraße mit Läden unterschiedlichster Branchen. Ein im Bahnhofsumfeld häufig anzutreffender Baustil heißt Gründerzeit. Der um die Wende zum 20. Jahrhundert sehr geläufige Stil ist gekennzeichnet durch eine meist stark gegliederte Fassade. Erker, Gesimse und voluminös strukturierte Ornamentik beherrschen die Optik, besonders die Fenster- und Türumrahmungen entfalten schweren Zierrat. Oft haben die Architekten der Epoche mit unterschiedlichem Material wie Naturstein und Ziegel verschiedener Färbung gearbeitet, um lebhafte Fassaden erschaffen zu können.

Gründerzeitbauten, sofern die Bomben des Zweiten Weltkriegs etwas von ihnen übriggelassen haben, werden heute mit viel Sachverstand und Sorgfalt erhalten und restauriert, also sollten sie auch auf der Modellbahnanlage mit städtischer Prägung ihren Platz finden. Nahezu unvermeidlich sind natürlich auch die glatten, rechteckigen Fassaden der Wiederaufbauzeit.

Ein höchst interessantes Motiv für die Modellbahn ergeben die Wege der Eisenbahn zum Bahnhof. Sie mussten seinerzeit auf dem Weg ins Zentrum bereits bestehende Bebauung durchqueren, was sich nur auf Kunstbauten verwirklichen ließ. Gerade Berlin ist ein Musterbeispiel für diese meist in Arkadenform gestalteten Überführungen.

Für weitere Abwechslung im Stadtbild sorgen die zwischen den Häuserzeilen und Bahnanlagen angesiedelten Kleingärten. Zu deren Ausgestaltung stehen inzwischen zahlreiche Produkte, von Pflanzen bis zur Gartenlaube, zur Verfügung.

Durch die enge Straßenschlucht weitet sich der Blick auf den belebten Vorplatz des Anhalter Bahnhofs in Berlin in H0.

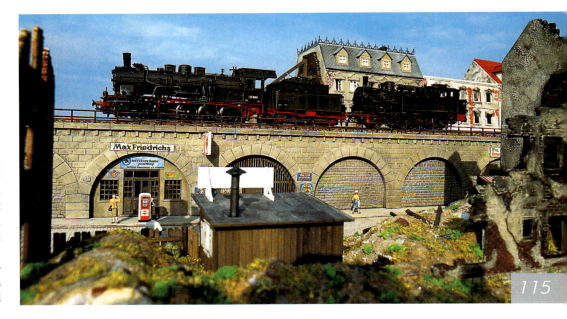

Damit die Bahn in die Stadt kommt, sind Kunstbauten nötig. Hier H0-Arkaden, in denen kleine Läden und Betriebe nisten.

4 Gebäude und Siedlungen

Die Laderampe ist großzügig anzulegen, soll fahrbare Fracht direkt auf bereitstehende (Ho-) Flachwagen verladen werden.

Ausgedehntere Industrieanlagen mit zugehöriger Hoffläche lassen sich vor allem in kleinen Nenngrößen wie N recht großzügig umsetzen.

Der Güterumschlag

Die Zu den meisten Bahnhöfen gehörten, wenn auch in unterschiedlicher Ausdehnung, die Ortsgüteranlagen mit Laderampe, Bockkran, Gleis- und Fahrzeugwaage, Lademaß sowie bei größeren Orten der Rangierbahnhof. Früher herrschte auf diesem Areal viel Verkehr, schließlich sollten ja die Güter irgendwie auf die Bahn gelangen.

Wirklich große Güterschuppenanlagen mit Kopframpen und mehreren Laderampengleisen sind im Modell nur selten umgesetzt worden. Meistens beschränkt man sich auf kleine Gebäude, wie sie von namhaften Bausatzherstellern angeboten werden. Auf kleinen Durchgangsbahnhöfen, am häufigsten im Modell nachgebildet, reicht auch ein einfacher Holzschuppen, um angelieferte Ware vor der Witterung zu schützen.

Unmittelbar an den Güterschuppen schließt sich eine Freiladerampe an. Auf der einen Seite kann von Fuhrwerken oder Lastkraftwagen die Ware von der hohen Wagenladefläche auf gleicher Ebene auf den Rampenboden umgesetzt werden. Auf der anderen Seite der Rampe stehen die Güterwagen, deren Ladeinnenraumböden auch bis Rampenhöhe reichen. Ohne groß heben zu müssen, kann auf diese Weise die Ware mit Bollerkarren oder Hubwagen umgesetzt werden.

Über die gleiche Rampe gelangen auch Schlachttiere in die Viehwaggons. Zäune weisen ihnen den Weg. Die schräge, seitliche Rampenauffahrt erleichtert ihnen den Zugang.

Oft reicht auch die Direktbeladung von Wagen zu Wagen aus, wie sie am Freiladegleis stattfindet. Eine ebenerdige Zufahrt an das Gleis ist schnell geschaffen und zudem am billigsten.

Industrie und Kleingewerbe beleben

Ebenso wie Dörfer, Bauernhöfe und Städte gehören auch die Stätten, wo die Menschen ihr täglich Brot verdienen, zu den für den Modellbahnanlagenbauer interessanten und sicherlich auch attraktiven Themen. Im dörflichen Szenario früherer Epochen ist es vielleicht der Schmied, der gerade Pferde beschlägt. Sägemühlen am Bach, teilweise auch als motorisierte Modelle erhältlich, schaffen einen Übergang von ländlicher Idylle zur Arbeitswelt.

Vor allem im städtischen Umfeld sind es einmal die kleinen Hinterhofwerkstätten, die eine fast anheimelnde Arbeitsatmosphäre vermitteln, die sich in der Modellstadt immer gut macht. Der Schreiner hobelt seine Bretter im Freien, weil die Sonne gerade so schön scheint, der Schlosser schweißt irgendetwas. Für die Werkstattausrüstungen gibt es

Ausgestaltung

Modelle, die allerdings farblich nachbehandelt werden sollten. Einen interessanten Blickfang auf der Anlage kann auch die kleine Autowerkstatt mit all ihrem teilweise im Freien gelagerten Krimskrams wie Altreifen, Ölkanister etc. in den kleinen, engen Hinterhöfen hoher Mietskasernen bilden.

Es gibt natürlich auch größere produzierende Unternehmen im Bereich der Innenstädte. Bis in die heutige Zeit typisch für derartige Betriebe sind zum Beispiel Brauereien, für die es Bausätze einschließlich der typischen imposanten Kupferkessel gibt. Mit oft sehr attraktiven Fassaden werden auch sonstige Fabrikgebäude meist aus den Gründerjahren angeboten, deren Branche man anhand der beiliegenden oder auch selbst anzufertigenden Beschilderungen nach eigener Lust und Laune auswählen kann.

Weitere wichtige Unternehmen, welche sich regelmäßig im Bahnhofsumfeld der Städte ansiedelten, sind beispielsweise Schlachthöfe und Großmärkte, aber auch kleine Unternehmen wie Kohle-, Schrott- und Stahlhandel.

Für den Modellbahner wird dieses Thema sehr interessant, da er hier auch Gleisanschlüsse der betreffenden Betriebe einbauen und entsprechendes Wagenmaterial einsetzen kann. Und vielleicht verkehrt dort auch eine typische Werkslok. Jedenfalls eröffnen derartige Szenerien die Möglichkeit, auch als eigenständige Anlagenbereiche unabhängig ausgestaltet zu werden.

Die große Industrie

Den im Modell zu realisierenden Vorbildern sind offenbar auch nach oben hin kaum Grenzen gesetzt. Vor vielen Jahren sorgte beispielsweise der Trix-H0-Bausatz einer Kohlenzeche für einige Überraschung. Die Anlage war zwar immer noch minimiert, erforderte aber schon beachtlichen Platz. Mit zunehmend korrekteren Größenverhältnissen bei den Häusern nahmen auch die Zug um Zug erscheinenden Modell-Industriebauwerke geradezu gigantische Ausmaße an. Jüngstes Paradebeispiel ist eine Hochofenanlage, wie sie auch im Ruhrrevier hätte stehen können. Fast schon wird hier die Gestaltung des Industriekomplexes zum Selbstzweck, die eigentliche Modellbahn tritt dabei in den Hintergrund.

Diese auch im Modellmaßstab riesigen Objekte dürften wohl nur für Spezialisten unter den Modellanlagenbauern gedacht sein, deren Interessenfeld sich damit identifiziert, zumal der Platzbedarf den gängigen Rahmen von Modellbahnanlagen sicherlich sprengt. Für Otto Normalverbraucher unter den Modellbahnern bietet ein bescheideneres industrielles Umfeld aber auch genug Möglichkeiten, gestalterisch tätig zu werden.

Das ganze Fabrikareal, das natürlich nicht nur aus Bauten besteht, kann man im Modell durch zusätzliche realitätsnahe Detaillierung lebendig werden

Von der Hinterhofwerkstatt zum Mittelstands-Unternehmen mit Gleisanschluss – cie gesamte Bandbreite gewerblicher Tätigkeit in unterschiedlichen Umfeldern kann auf der Modellbahnanlage dargestellt werden.

Ein Hochofen im Maßstab 1:87 ist zweifellos ein Blickfang, verschlingt aber reichlich Fläche.

4 Gebäude und Siedlungen

Zur Schaffung derartiger vorbildorientierter Szenen im Maßstab 1:87 ist neben einem geschulten Blick auch Handwerkskunst und Modellbauerfahrung von Nöten.

Vor allem Szenen auf dem Land leben von einer realistischen Gestaltung des natürlichen Umfeldes.

lassen. Die je nach Zweck unterschiedlichsten Fahrzeuge erledigen auf dem Gelände ihre Transportaufgaben. Im Hintergrund ist die Schmutzecke installiert, wo teilweise bereits von Vegetation überwuchert irgendwelcher Schrott lagert. Den kann sich der Modellbauer übrigens ganz einfach aus dem Fundus seiner Bastelkiste besorgen, die Teile müssen allerdings farblich nachbehandelt werden, damit sie den typischen Rostton erhalten. Der Zaun, der das Fabrikgrundstück einfriedet, kann, mit Plakaten bestückt, als „Infowand" dienen. Und natürlich gibt es auch die langen Reihen von Fahrradständern und die Parkplätze für die Beschäftigten des Unternehmens. Bei Feierabend oder Schichtwechsel quellen die kleinen Preiser-Arbeiter aus dem Fabriktor hervor, um endlich den Heimweg anzutreten, mehr oder weniger beschwingt begibt sich die nächste Schicht zu ihrer Arbeit. Besonders aussagekräftig lassen sich Ausnahmesituationen, wie beispielsweise Streikaktionen im Industriebetrieb, im Modell darstellen. Gruppen von Arbeitern, Fahnen, Transparente und ein eifrig agierender Redner am improvisierten Rednerpult – auch mit solchen Szenen lässt sich eine Modellbahnanlage mit wenig Aufwand mit Leben erfüllen.

Und die Bahn? Natürlich kommt auch sie zu ihrem Recht, denn üblicherweise verfügen größere Industriekomplexe über ausgedehnte Werksbahnstrecken, die durch interessante Übergabe-Bahnhöfe an die Normalbahn angeschlossen sind. Dies wiederum ergibt gute Vorlagen für den Betrieb.

Landwirtschaft

Wenn man sich vergegenwärtigt, dass sich der überwiegende Anteil der Bahnlinien, zumindest im mitteleuropäischen Raum, über Land erstreckt, wird klar, dass dieser Lebensbereich auch auf Modellbahnanlagen repräsentativ gestaltet werden sollte. Der ländliche Raum mit Äckern, Wiesen und Wäldern bildet ein außerordentlich interessantes Modellbahnthema, das eine ganz eigene Faszination ausstrahlt.

Mehrere professionelle Anlagenbauer haben diesen Reiz erkannt und für dieses Genre Musterhaftes in Form von ganzen Anlagen oder auch Dioramen geschaffen. Hauptquelle der Inspiration ist und bleibt allerdings das Vorbild selbst. Das heißt also: Wenn Interesse für die Nachbildung rustikaler Themen im Modell besteht, hat die eigene Anschauung in natura immer den Vorrang.

Ein ideales Thema für den Modellbauer ist die Landwirtschaft, wo sich Natur und Menschen mit ihrer Arbeit und ihren Behausungen direkt begegnen. Doch weniger die moderne Form von Ackerbau und Viehzucht, denn da dominiert die rationelle Produktion, was in der Modell-Gestaltung langweilig wirken muss. Da aber die Mehrzahl der Modellbahner ohnehin den früheren Epochen verhaftet ist, bieten sich aus dem großen Bereich der Landwirtschaft vergangener Tage attraktive Themen in Hülle und Fülle für eine Realisierung auf der Modellbahnanlage.

Ganz wesentliche Gestaltungselemente für ein landwirtschaftlich geprägtes Anlagenthema sind die Baulichkeiten, die auf dem Lande anzutreffen waren – und sind. Die Palette der Ansiedlungsformen reicht vom freistehenden Einzelgehöft bis zu dörflichen Strukturen, wobei sich die Umsetzung ins Modell selbstverständlich auch nach regionalen Gesichtspunkten zu richten hat. So unterscheidet sich der imposante Bauernhof im

Ausgestaltung

bayerischen Voralpenland, der die wesentlichen Wirtschaftsbereiche in einem Hauptbau konzentriert, grundsätzlich von den breit dahingelagerten Gehöften norddeutscher Prägung mit einer ganzen Reihe von Einzelbauten. Auch in den Baustilen der ländlichen Architektur gibt es tiefgreifende Unterschiede. Es würde zu weit führen, die unterschiedliche Ausprägung beispielsweise des auch im ländlichen Raum früherer Tage dominierenden Fachwerks hier zu erörtern; wichtig ist zumindest, dass der Anlagenbauer zum Beispiel ein mit Backstein verfülltes Fachwerk norddeutschen Charakters nicht ausgerechnet in ein typisch süddeutsches Anlagenambiente verfrachtet.

Die Zubehörindustrie bietet vor allem in Nenngröße H0 ein beachtliches Programm an Bauwerken ländlichen Zuschnitts. Häufig handelt es sich dabei um Komplett-Sets, aus denen beispielsweise ein Bauernhof mit Scheune, Zäunen und sonstigem Zubehör gebaut werden kann. Auch die zur Komplettierung der bäuerlichen Szenerie nötigen Fahrzeuge, Fuhrwerke, Maschinen und Figuren – Menschen wie Tiere – hält der einschlägige Handel in allen Maßstäben bereit.

Selbst die DDR-Landwirtschaft mit ihrem eher industriell geprägten Charakter rückt verstärkt ins Blickfeld. Blieb bis vor kurzem nur der Selbstbau markanter Bauten, bietet der Hersteller Busch nun H0- und TT-Kartonbausätze der wichtigsten Elemente – Stall, Werkstatt, Güllebecken und -verladung – an, zudem auch die passenden Traktoren ZT 300 und ZT 303 sowie Bagger T 174.

Moderne H0-Stallbauten der Epoche V, für Ost- und Westdeutschland gleichsam nutzbar, bietet Faller. Sie können sogar mit dem hauseigenen Car-System ausgerüstet werden.

Bis zum Ende der Epoche IV gehören vor allem zum ländlichen Umfeld auf der Modellbahn auch die Transformatorenhäuser samt zugehörigen Freileitungen. Neben den etablierten Herstellern bieten vor allem Kleinserienhersteller aus Osteuropa inzwischen zahlreiche, feinst detaillierte Produkte vom Strommast über Isolatorenschienen bis zur Laterne.

Eine feste Burg

So wie die Kirche zum Dorf gehören auf zahlreichen Modellbahnanlagen Burgen oder zumindest ein als Ruine stehengebliebener Bergfried zur Pflichtausstattung. Vor allem Kibri und Noch stechen mit ihren Produkten zur Nachbildung positiv hervor.

Da viele Burgtürme, teils sogar mit Absicht, etwas zu klein geraten sind, unterstreichen sie, im Anlagenhintergrund platziert, räumliche Tiefe. Größere und maßstäbliche Bauten dagegen müssen vom Modellbauer in der Regel im Eigenbau nach historischen Plänen aus Mauerwerks- und Dachplatten selbst hergestellt werden.

Kleine, aus dem Landleben gegriffene Szenen beleben die H0-Anlage: Milchproduktion „von Hand" im Freien, Bienenstöcke im Schatten einer Eiche, ein ausgeschmückter Hof und eine gekonnt gestaltete Ernteszene, bei der die Schmalspurbahn nur noch Zutat ist.

Der komplette Eigenbau von Gebäuden wie der bekannten Villa Hügel im Ruhrgebiet ist in H0 aus gelasertem Karton durchaus machbar.

Aus gelasertem Kunststoff entstand Schloss Drachenfels in der Nenngröße H0, welches die Ausstellungsanlage der Drachenfelsbahn Königswinter ziert.

4 Gebäude und Siedlungen

Polystyrolgebäude werden in einzelnen Baugruppen fertiggestellt (1). Kleine Elemente werden vor der Spritzlackierung fixiert (2). Man benötigt verschiedene Farben (3). Die filigranen Stuckteile werden von innen an die Fassadenteile geklebt (4).

Beides in einem: Eigenbau für die Halle und Kitbashing für die Häuser.

Saubere, rechtwinklige Schnitte durch Fassadenelemente der Stammbausätze sind Voraussetzung für ein gelungenes Kitbashing.

Zusätzliche Geschosshöhen durch Einsetzen von Polystyrolstreifen bringen Maßstäblichkeit ins Modell.

Bausätze behandeln

So, wie der Gebäude-Bausatz aus der Verpackung gekommen ist und wie er mit Geduld und Sorgfalt zusammengebaut wurde, ist er allerdings nur bedingt für den Einsatz auf einer anspruchsvolleren Modellbahnanlage geeignet. Er weist noch den verdächtig frischen Kunststoffglanz auf und das Bauwerk wirkt dadurch viel zu neu. Zudem besteht regelmäßig das Problem, die mitgelieferte Grundplatte in das Anlagenumfeld zu integrieren.

Dem kann man durch eine entsprechende farbliche Nachbehandlung, die man Altern oder Patinieren nennt, abhelfen. Dies sollte grundsätzlich mit matten Farbtönen geschehen, die der einschlägige Fachhandel in einer sehr breiten Palette unterschiedlichster Hersteller und Preislagen anbietet. Wer dem Pinsel den Vorzug gibt, sollte lasierend mit stark verdünnter dunklerer Farbe arbeiten und den Farbüberschuss anschließend wieder wegwischen. In den Vertiefungen konzentriert sich die Farbe und bewirkt eine deutliche Erhöhung der Plastizität beispielsweise einer reich strukturierten Fassade. Ein weiterer Trick, um Strukturen deutlicher und besser hervortreten zu lassen, besteht darin, mit dem fast trockenen Pinsel und heller Farbe Lichter auf die erhabenen Stellen zu setzen. Wer größere Mengen von Gebäuden farblich bearbeiten will, dem sei der Einsatz der Airbrush-Technik empfohlen. Mit komprimierter Luft wird die Farbe über eine Düse ganz fein verteilt. Man kann richtige Farbnebel erzeugen und große Flächen ebenso wie kleinste Teile schnell und effektvoll bearbeiten. Diese Methode hat den großen Vorteil, die komplette Oberfläche der Kunststoffteile mit einem feinsten Farbüberzug zu versehen, was jeden „verräterischen" Neuglanz der Teile beseitigt. In feinsten Nuancierungen lassen sich dann andere gewünschte Farbtöne gezielt aufbringen. Mit ein wenig Übung kann man mit dieser Technik eine überzeugende und sehr realistische Patinierung seiner Modellbauten erzielen.

Kitbashing

Dieser aus dem Englischen stammende Begriff umschreibt den Einstieg in den Gebäude-Selbstbau, bei dem Bausätze etwa durch Hinzunahme weiterer Teile ergänzt oder abgewandelt werden.

Vor allem frühere Gebäudemodelle litten unter einem etwas verniedlichten Maßstab. Preiser-Figuren mussten schon den Kopf einziehen, um durch die Türen zu kommen oder um sich in der Wohnung eines Modellhäuschens aufzuhalten. Wer diese eingeschränkte Maßstäblichkeit nicht hinnehmen will, sollte seine Bausätze einer grundsätzlichen Überarbeitung unterziehen. Im geschilderten Fall zu geringer Geschosshöhen muss die Fassade entsprechend an Höhe gewinnen. Das geschieht durch waagerechtes Zerschneiden der Fassaden und sauberes, bündiges Einsetzen von dünnen Polystyrol-Streifen.

Mit der Kitbashing-Technik lassen sich auch unterschiedliche Bausätze miteinander kombinieren oder Bauwerke komplett umgestalten. So entstehen dann harmonisch wirkende Häuserzeilen mit durchgehend stimmigen, maßstäblichen Geschosshöhen. Oder man schafft dem eigenen Platz angepasste Industriebauten bzw. Häuserreihen in unterschiedlichen Winkeln.

Entscheidend für den Erfolg des Kitbashing ist eine sorgfältige Glättung aller Nahtstellen mit Nitrospachtel und selbstverständlich auch hier eine farbliche Nachbehandlung nach der Montage.

Ausgestaltung

Eigenbau-Häuser

Der völlige Eigenbau von Gebäuden bedingt eine akribische Bestandsaufnahme des Vorbilds mit Kamera und Skizzenblock. Sind die am Vorbild ermittelten Maße in den gewünschten Modellmaßstab umgesetzt, wird das Ganze in eine Planzeichnung übertragen. Fotos von dem zu bauenden Objekt, in die ein Vergleichsmaßstab integriert wurde, helfen bei der größenrichtigen Übertragung aller Einzelheiten, wie zum Beispiel Fenster, Türen, Gesimse und Gebälk, ungemein.

Mauerplatten aus Polystyrol in unterschiedlicher Strukturierung und Einfärbung hält der Fachhandel bereit. Ein Vergleich mit dem Vorbildfoto hilft, die der Realität am nächsten kommende Mauerplatte aus dem Angebot herauszufinden. Mit der Färbung ist es da noch wesentlich leichter, denn der Selbstbau schließt in aller Regel eine farbliche Nachbehandlung immer mit ein.

Außer Ziegelmauerplatten führen mehrere Anbieter auch gute Imitationen von Natursteinmauerwerk, das entweder für ganze Fassaden oder, was im Hausbau früherer Tage recht oft vorkam, für den Gebäudesockel verwendet werden kann.

Fachwerk stellt ein ganz besonders attraktives Thema dar. Die Bausatzhersteller bemühen sich in ihren Produkten, einen möglichst realitätsnahen Eindruck von dieser überall verbreiteten, aber sehr alten Bauweise zu vermitteln.

Für den Selbstbauer stellt die Konstruktion eines Fachwerkhauses allerdings schon eine Herausforderung dar, die vom Modellbauer viel bastlerisches Geschick und Geduld sowie gutes Werkzeug erfordert, damit er zu schönen Ergebnissen kommt.

Sind die Fassadenteile größenrichtig ausgeschnitten, besteht der nächste Schritt im Aussägen der Fenster- und Türöffnungen, die vorher exakt auf der Plattenrückseite angerissen werden müssen. Auch hier wird sorgfältiges Arbeiten mit einem gelungenen späteren Gesamtbild belohnt. Die jetzt einzusetzenden Türen und Fensterrahmen stammen bei geübten Bausatzbastlern meistens aus der ergiebigen Bastelkiste, es gibt unterschiedliche Exemplare auch im Handel zu kaufen. Man wird bei besonderen Größen manchmal kein Standardfenster oder keine verwendbare Tür finden. Da hilft entweder ein Kompromiss oder das Bastelmesser. Die eingesetzten Fenster und gegebenenfalls auch Türen werden mit durchsichtigem Polystyrol als Glasimitation hinterlegt.

Wichtig sind Zustand und Innengestaltung der Fenster. Einige geöffnete Fensterflügel beleben beispielsweise eine Hausfassade ungemein. Vorhangimitationen aus der Bastelkiste sollten nicht platt hinter die Glasscheiben, sondern mit einigen Millimetern Abstand und eventuell gefaltet dahinter geklebt werden. Ausgesprochen hübsch wirken bunt gestaltete Blumentöpfe hinter den Fenstern und Blumenkästen davor.

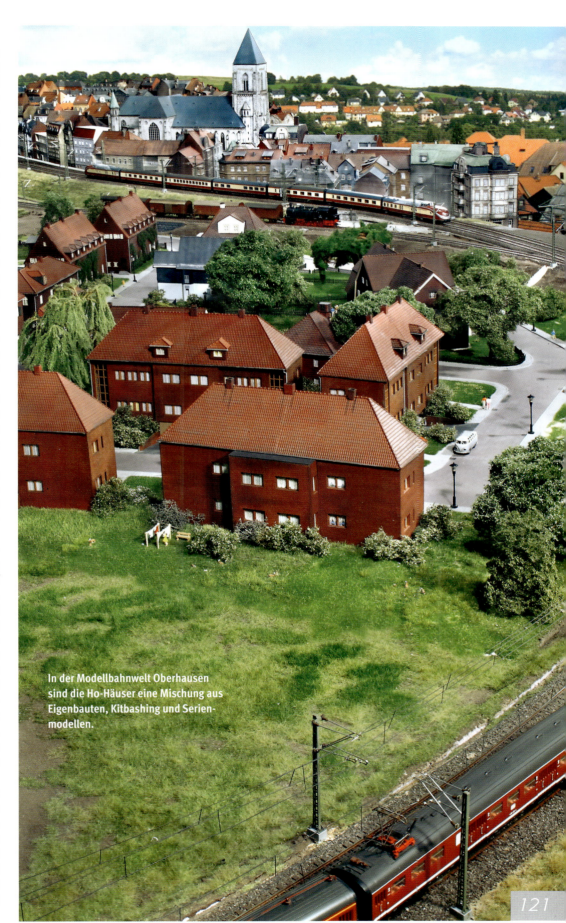

In der Modellbahnwelt Oberhausen sind die H0-Häuser eine Mischung aus Eigenbauten, Kitbashing und Serienmodellen.

121

4 Gebäude und Siedlungen

Ho-Nachbau eines Postgebäudes mit einer Architektur aus den 1960er-Jahren. Es ist eine Mischbauweise aus Holz- und Kunststoffplatten.

Große Wäsche und ein Sonnenbad; das bewohnbare Flachdach macht's in Ho möglich.

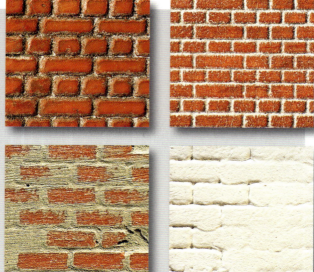

In Mauerverbund und Ziegelfärbung unterschiedliche Mauerplatten von Vollmer, Kibri und B & K sowie verputzte von Vollmer.

Bei Dächern tauchen geometrische Probleme auf, weil Neigungswinkel zu berücksichtigen sind. Die Dachschräge kann beispielsweise mit dem Winkelmesser auf dem Vorbildfoto ermittelt werden. Aus Draufsicht und Seitenansicht sowie Formeln, die in jedem Bauhandbuch zu finden sind, lassen sich die genauen Dachmaße und -flächen berechnen.

Dachplatten gibt es, ähnlich wie Mauerplatten, in unterschiedlichen Strukturierungen und Farben. Sehr belebend wirken auch aufgesetzte Dachgauben, Schornsteine, Antennen etc.

Der Selbstbau von Häusern für die Modellbahnanlage muss mit einer farblichen Überarbeitung enden. Ziegelstrukturen etwa werden mit kontrastierenden Farben dünnflüssig übermalt und anschließend wieder abgewischt. So treten die Mauerfugen deutlich hervor und schaffen Plastizität. Bei Natursteinmauerwerk kann man ähnlich verfahren. Auch die Dächer müssen, damit sie ihren unechten Kunststoffglanz verlieren, farblich behandelt werden; besonders wichtig sind Verwitterungsspuren wie Taubendreck auf dem Giebel oder moosbewachsene Ziegel.

Schließlich bleibt noch eine wichtige Aufgabe für den Modellbauer: das fertige Gebäude harmonisch in sein neues Umfeld einzupassen. Auch dabei hilft natürlich der Vergleich mit dem Vorbild.

Möbel für die Stadt

Neben den Fahrzeugen, Verkehrszeichen und Passanten prägen vor allem die Straßenmöbel das Bild unserer Städte. Dazu zählen Straßennamensschilder, Laternen, Telefonzellen und Briefkästen sowie in der Moderne die Werbewände.

Wie für alle anderen Anlagenausgestaltungsteile gilt – und gerade für die markanten, sofort ins Auge fallenden Straßenmöbel in besonderem Maße: Man beachte die Epoche, die sie darstellen. Im Zweifelsfall sollte man strittige Objekte besser weglassen, zumal sich das Aussehen vieler innerhalb weniger Jahre grundlegend änderte:

Bereits 1913 wurden die ersten öffentlichen Münzfernsprecher im großstädtischen Berlin aufgestellt. Ihre Verbreitung blieb aber zunächst sehr begrenzt. Ab 1928 kam ein neuer, einheitlicher Typ des Fernsprechhäuschens flächendeckend zur Aufstellung. Die ersten Telefonzellen waren damals noch blau lackiert, ab 1934 ging man zu rotem Lack über, bevor die Post nach dem Zweiten Weltkrieg auf ihre Stammfarbe Gelb setzte. Ende der 1970er-Jahre kamen neben normalen Telefonzellen freistehende Rufsäulen auf. Beim Übergang des Fernsprechverkehrs auf die Telekom Anfang der 1990er-Jahre wurde deren grau-weiß-magentafarbenes Farbschema auch auf die Telefonzellen übertragen.

Eine weitaus längere Tradition weisen die Briefkästen auf, 1823 wurden sie in Preußen und Berlin eingeführt. Zunächst in der Regel außen an Hauswänden angebracht oder ins Mauerwerk eingelas-

Ausgestaltung

sen, erhielten sie erst ab 1925 Verstärkung durch sogenannte Säulenbriefkästen, die einzeln auf dem Boden aufgestellt wurden. Analog zu den Telefonzellen wurden auch die Briefkästen entsprechend umlackiert. Nachdem sie bis weit in die Epoche IV hinein noch an nahezu jeder größeren Straße zu finden waren, nahm ihre Zahl besonders in den letzten Jahren rapide ab.

Heute gehören sie unübersehbar zum Stadtbild – Reklametafeln. Allerdings haben sie eine lange Tradition. Im Mai 1854 schlossen der damalige Berliner Polizeipräsident Karl von Hinckeldey, der auch für die Straßen, Plätze und Brücken Berlins zuständig war, und der Buchdrucker Ernst Litfaß einen Vertrag über die Errichtung und Nutzung von Säulen, Brunnen und Bedürfnisanstalten zu Werbezwecken. Ein Jahr später wurden zum gleichen Zweck auch die ersten 100 runden Anschlagsäulen errichtet, an denen öffentliche Bekanntmachungen sowie Hinweise auf Veranstaltungen befestigt werden konnten.

Nach ihrem Erfinder nannte man diese neuen Straßenmöbel sehr bald Litfaßsäulen. Ab 1868 mussten an ihrem oberen Ende Hinweise auf die nächstgelegenen öffentlichen Einrichtungen wie Polizeirevier, Feuerwache oder die nächste Poststelle angebracht werden. Später wanderte dieser Streifen in den unteren Bereich der Säule.

Modellbauwerkstoff Gips

Als Modellbaumaterial ist Gips nicht unbekannt, findet er doch vor allem beim Ausformen der Modell-Landschaften und bei der Felsgestaltung weithin Verwendung. Dass man damit weitaus mehr erschaffen kann, beweisen Unternehmen wie das „Ritzerduo" Luft oder Vampisol.

Erstere nutzen Gips als Basismaterial für Burgruinen, Steinscheunen, Höhlen, Felsvorsprünge und anderes, vornehmlich nach südfranzösischen Vorbildern. Die in Kleinserie gefertigten Modelle sind sämtlich versäuberte Abformungen eines Urmodells. Dies wiederum entsteht in längerwieriger kompletter Handarbeit durch Ritzen und Gravieren eines Gipsblocks.

Nach dem Zusammenbau der Rohteile erfolgt deren farbliche Behandlung mit Tempera-Farben. Eventuell dienen Holz- oder Weißmetallteile der weiteren Komplettierung in Form von Türen etc.

Vampisol bietet engangierten Modellbahnern Bausätze aus Keramikmassen. Diese sind etwas härter als reiner Gips, komplett durchgefärbt und teilweise auch mit Fräsern zu bearbeiten.

Als Vorbilder dienen Villen und Bahnhöfe. Wesentlicher Vorteil dieser Bausätze – sie zeigen keinen Kunststoffglanz und wirken deutlich realistischer. Nicht zu unterschätzen ist jedoch der im Vergleich zu Kunststoffbausätzen höhere Modellbauaufwand, der auch diffizilere Arbeiten wie Verfugen und Nachgravieren beeinhaltet.

Die Geruhsamkeit des Landlebens in Südfrankreich spiegelt dieses kleine Diorama des „Ritzerduos" Luft wider. Es besteht bis auf die Vegetation vollständig aus Gips.

Mit sehr viel Zeit, Geduld und Geschick entsteht aus einem schnöden Gipsklumpen unter den geschickten Händen Manfred Lufts ein detailreiches Urmodell.

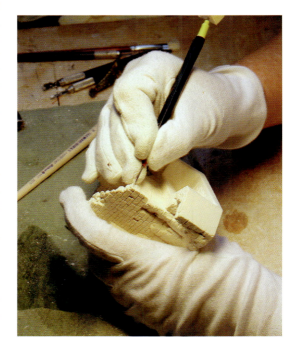

Mit Reißnadel und Sticheln werden die Gravuren im Material Gips sorgfältig nachgearbeitet.

4 Gebäude und Siedlungen

Besonders reizvoll sind gerade im weit verbreiteten Maßstab 1:87 Geschäfte mit angedeuteter Inneneinrichtung und zeitgemäß dekorierten Schaufenstern.

Echt französisches Metzger-Flair vergangener Zeiten vermittelt diese Ho-Szenerie.

Mit Details wie Unkrautbewuchs und vernagelte Fenster überzeugt dieses zu sanierende Ho-Haus.

Liebe zum Detail – Inneneinrichtungen

Vor allem städtische Straßen kommen nicht ohne sie aus – Ladengeschäfte mit mehr oder minder dominanten Schaufenstern. Die Auswahl an entsprechenden Gebäudebausätzen ist recht groß, nur fehlt ihnen oft ein wesentliches Element: Sie besitzen nur selten eine ansprechende und filigrane Inneneinrichtung, oft genug muss ein einfacher Papierdruck alles richten.

Dabei ist die Einrichtung eines Schaufensters kein Hexenwerk, wie nebenstehendes Foto beweist. Aus farbigen Kunststoffstreifen entstehen zunächst Rück- und Seitenwand der Auslage. Sie wird von einem weiteren Kunststoffstreifen stabilisiert, der später noch als Ablagefläche dient. Die Dekoration entsteht teilweise aus Profilen und Kunststoffplättchen wie beispielsweise die in der Mitte gestapelten Tassen mit Untertasse. Weiteres findet sich auch in der Bastelkiste, im Zubehör von Bausätzen oder auch im Puppenstubenbedarf.

Mit etwas weniger Aufwand kann man dagegen ein Schaufenster für Bekleidungsgeschäfte dekorieren: In einen wie beschrieben gebauten Hintergrund, dessen Höhe sich auch an der Höhe des Schaufensters orientiert, klebt man einfach entsprechend bemalte Preiser-Figuren als Schaufensterpuppen. Bei Bedarf installiert man zusätzlich einige bunte LED als effektvolle Schaufensterbeleuchtung.

Noch etwas einfacher ist die Einrichtung eines Lebensmittel- oder Blumengeschäftes. Dort bilden die entsprechenden Bausätze der Zubehörhersteller Busch und Preiser die Basis der Schaufenster-

Goldene Regeln

1. Gebäude müssen sich harmonisch in die Anlage einfügen, einschließlich ihrer Grundplatte und des Baustils.

2. Je höher Detaillierungsgrad und individueller Anspruch, desto zeit- und materialintensiver ist die Umsetzung, z. B. beim Eigenbau.

3. Wegen des höheren optischen Einflusses ist ein farblich behandelter Kunststoff-Bausatz besser als ein mit Kleinteilen aufwendig zugerüstetes unbehandeltes Modell.

4. Mit zunehmender Anlagentiefe brauchen Gebäude weniger detailreich gestaltet zu sein, als solche im unmittelbaren Vordergrund es erfordern.

5. Die technische Ausstattung der Gebäude, zum Beispiel mit Beleuchtung etc., erhöht den Unterhaltungswert.

6. Sind Gebäude und Fahrzeuge aufeinander abgestimmte Funktionsmodelle, erreicht man den höchsten Spielwert.

Ausgestaltung

dekoration, welche auch ohne rückseitige Abgrenzung zum Verkaufsraum auskommt. Je nach Größe des Geschäftes sollte man es aber nicht versäumen, auch die weitere Inneneinrichtung möglichst glaubwürdig anzudeuten.

Die noch in Epoche IV in kleineren Läden lange übliche, den Verkaufsraum dominierende Theke kann man einfach aus lackierten Kunststoffprofilen von Plastruct oder Evergreen anfertigen. Nicht vergessen sollte man natürlich die Platzierung einiger kaufkräftiger oder gerade zahlender Kunden und der zugehörigen Verkäufer im Inneren.

Halbe Sachen für die letzte Reihe

In den 1950er- und 1960er-Jahren war es durchaus üblich, auf Modellbahnen auch Gebäude aus Pappe einzusetzen. Wegen ihres wenig plastischen Aussehens wurden sie aber zunehmend von den seinerzeit aufkommenden Kunststoffbausätzen von den Anlagen verdrängt.

Mit der Verbesserung der Drucktechniken und dem Aufkommen fotorealistischer Bausätze Ende der 1990er-Jahre durch die Firma Stipp erleben sie inzwischen eine Renaissance. Besonders ein-

Jowi-Papphäuser in 1:87 aus fotorealistischen Vorlagen sind im Einklang mit beleuchtetem Hintergrundbild desselben Anbieters ein idealer Anlagenabschluss.

Durch mehrschichtiges Bauen gewinnen die fotorealistischen Ho-Hintergrund-Fassaden von Jowi enorm an Plastizität.

Diese Fabrikhalle verdankt ihr realistisches Erscheinungsbild auf Karton aufgezogenem bedrucktem Papier. Die Fenster sind dagegen auf Folie aufgedruckt.

Die Firma Bloxx bietet für die Nenngrößen 1 oder II Baumaterialien wie Mauer- oder Pflastersteine aus echten Mineralien für realistische Bauten.

drucksvoll sind aber die Lösungen von Jowi, die im Gegensatz zu den Stipp-Bausätzen auch Erker und Gesimse durch mehrschichtige Montage auf stärkeren Trägerkarton plastisch nachbilden, so dass auch komplette Häuser recht glaubhaft wirken.

Derartige Ansätze lassen sich auch auf die Herstellung von Halbreliefhäusern übertragen. Sie sind wiederum ein probates Mittel bei der Gestaltung von Straßenzügen oder Hintergründen von Siedlungen in Form von Parallelstraßen etc. auf beengtem Raum, etwa bei Modulanlagen.

Ein weiterer Vorteil der Papierbausätze ist ihre leichte Verarbeitung mit Schere, Universalkleber und Karton. Nachteilig ist ihre Anfälligkeit gegen Luftfeuchtigkeit. Sie führt schnell zu Wellenbildung des Materials. Gegensteuern kann man mit einem gründlichen Schutzüberzug mit mattem Lack.

4 Kulissen

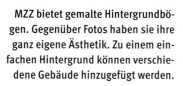

Zu großen Ausstellungsanlagen wie hier im MiWuLa passen recht gut gemalte Hintergründe.

Fotoposter sind als Hintergrund in allen Maßstäben durchaus beliebt, allerdings sollte die Perspektive der Gebäude auch zum Blickwinkel passen.

MZZ bietet gemalte Hintergrundbögen. Gegenüber Fotos haben sie ihre ganz eigene Ästhetik. Zu einem einfachen Hintergrund können verschiedene Gebäude hinzugefügt werden.

Eine Modellbahnanlage soll eine Landschaft darstellen, wie sie im Vorbild tatsächlich existieren könnte. Erst mit einem gestalteten Hintergrund erzielt man einen realitätsorientierten Abschluss, der auch schmalen Anlage mehr Tiefe vermittelt. Die Möglichkeiten, die sich dabei auftun, bieten für Modellbahnfreunde ein reiches Betätigungsfeld für ihre Kreativität.

In jüngster Zeit erfreuen sich Fotohintergründe als Abschluss der Modellbahn wachsender Beliebtheit, zumal sie mit einigen Raffinessen aufwarten können. Kombiniert mit passender Beleuchtung ergeben sie durchaus eindrucksvolle Tages- und Nachtstimmungen.

Fotoposter

Die Verwendung klassischer Fotoposter als Hintergrund ist ein sehr einfacher und vor allem schneller Weg, die eigene Anlage aufzuwerten. Allerdings stößt man bei dieser Methode an Grenzen: Oft ist der Gegensatz zwischen der Landschaftsgestaltung der Anlage und dem realistischen Abbild auf dem Hintergrund zu groß; die Lichtstimmung und Farbintensität passen nur in wenigen Fälle exakt zur Anlage. Besonders deutlich werden diese Mängel bei ländlichen Motiven. Als Hintergrund bei Stadtansichten dagegen ist diese Lösung akzeptabel.

Bei der Zusammenstellung von Hintergründen aus eigenen Fotografien sollte man beachten, dass Licht und Schatten bei allen Gebäuden und Bäumen immer in derselben Richtung verlaufen. Andernfalls wirkt die Kulisse wenig glaubwürdig. Für die Ausgabe ist jedoch nicht empfehlenswert, Tintenstrahlausdrucke mit herkömmlichen Tinten zu verwenden, da deren Farbechtheit nur von kurzer Dauer ist.

Grafiken

Fast ebenso alt wie Fotohintergründe sind gemalte Modellbahnkulissen. Die Idee dazu ist bereits seit Jahrhunderten bekannt und dem Theatermilieu entlehnt. Den Übergang von der typischen Kunststoff-Modellbahnwelt zum gemalten Hintergrund empfinden im Übrigen viele Modellbahner weniger hart als den zum Foto.

Die Tradition der gemalten Hintergründe pflegt heute noch das Schweizer Unternehmen MZZ, welches diese Form des Anlagenabschlusses modular anbietet. Neben einem ausreichend hohen Wolkenhintergrund finden sich auf verschiedensten Bögen Elemente (Häuser, Bäume) zum Ausschneiden. Damit kann sich der Anlagenbauer seine individuellen Hintergründe selbst fertigen und zudem durch eine gestaffelte Montage in mehreren Ebenen auch eine bessere dreidimensionale Wirkung erzielen.

Drucke

Als Weiterentwicklung derartiger Kulissen darf man schließlich die Produkte von JoWi verstehen: Basis seiner Modellbahnhintergründe sind fotorealistische Drucke. Gefertigt werden diese auch nach individuellen Vorstellungen. Die Höhe der Panoramen ist jedoch technisch bedingt eher niedrig, was vor allem bei größeren (Zimmer-)Anlagen unschön auffällt.

Dank eines speziellen Papiers und beidseitiger exakt positionierter Bedruckung können bei einigen JoWi-Hintergrundserien durch eine entsprechende Rückseitenbeleuchtung auch Dämmerungs- und Nachtszenen auf der Modellbahn glaubhaft nachempfunden werden. Zudem fasziniert an dieser Technik das Leuchten der Himmelskörper, die bei Tageslicht und ausgeschalteter

Ausgestaltung

Hintergrundbeleuchtung unsichtbar sind. Einziges Manko – der aufwendige Bau eines Leuchtrahmens beziehungsweise dessen Kauf.

Selbstgemalte Hintergründe

Warum greifen eigentlich einige Anlagenbesitzer zu Pinsel und Farbe oder lassen einen Hintergrund malen, obwohl sie ja auf Fotohintergründe zurückgreifen könnten? Zum einen gibt es nur niedrige Fotohintergründe, ihre Höhe entspricht je nach Produkt maximal ca. 50 cm, höhere Hintergründe müssen selbst angefertigt und durch einen Spezialdruck auf einem großen Plotter für teures Geld auf einer Endlos-Papierrolle ausgedruckt werden. Zum anderen hat man die Möglichkeit, bei selbst gemalten Hintergründen einen Himmel darzustellen, der mal eine dramatische Wolkenformation aufweist oder aber nur strahlendes Blau vom Himmel lacht. Bei selbst gemalten Hintergründen kann man auch Motive der Modelllandschaft aufgreifen und entsprechend der eigenen Vorstellungen auf der zweidimensionalen Kulissenwand weiterentwickeln.

Grauer Hintergrund

Eine gänzlich andere Darstellungsweise zeigt Thom Raven aus Holland. Seine Straßenbahnschaustücke in H0 zeigen Motive aus holländischen Großstädten. Als Hintergrundkulisse verwendet er einen selbstgemalten Himmel, auf den er aber nicht die Häuserfronten seiner Modellhäuser durch Zeichnungen optisch fortsetzt, sondern er benutzt leicht vom Himmel abstehende Silhouetten, die er aus dünnem Holz ausgeschnitten und mittelgrau lackiert hat. Damit sich aber der Übergang vom Anlagengrund zum Hintergrund leicht fließend darstellt, hat er zuvor Aluminiumfolie, wie sie in jedem Haushalt üblich ist, auf die Hintergrundschablone kaschiert. Teile des Anlagenrands spiegeln sich so etwas trübe in der Staniolfolie. Durch die fließend übergehende Graulackierung, erzielt mit einer Spritzpistole, verschwinden allmählich die Haus- und Straßenkonturen in dem grauen Dunst der Großstadt.

Halbreliefhäuser

In Deutschland boten die Zubehörhersteller Faller und Pola in den 1980ern erste Kunststoff–Hausmodellbausätze an, bei denen der Baumeister Markierungen vorfand, mit denen er das Haus halbieren und als Reliefhaus für die Hintergrundgestaltung einsetzten konnte.
Mitte der 1990er-Jahre brachte der Hersteller STIPP Bastelbögen aus fotorealistisch bedrucktem Papier auf den Markt, mit denen sich in den Nenngrößen von 0 bis Z mit Stadthäusern, Werkstätten und anderem dreidimensionale Hintergründe individuell gestalten lassen.
Wer Hintergrundhäuser in Kunststoffausführung bevorzugt, der wird bei Faller fündig.

Nach 2000 erweiterte man das Programm um einige neue Reliefhaus- Bausätze in den Nenngrößen H0 und N. Diese sind so konstruiert, dass sie untereinander ganz nach eigenem Gutdünken zusammengestellt werden können, wobei Eckhäuser für einen sauberen Abschluss der Gebäudezeile sorgen.
Ein weiteres im Modellbau verwendetes Material ist das Kunstharz Resin. Der Hersteller Artitec aus den Niederlanden bietet ebenfalls einige Modelle in diesem Material an, so zum Beispiel ein Kühlhaus oder eine Hinterhoffassade. Wer seine Fassadenhäuser ganz reduziert auf eine Giebelseite haben möchte, sollte sich hier umtun. Mittlerweile bietet Artitec 22 verschiedene Hausgiebelausführungen an. Die Bandbreite reicht von Backsteingiebeln, wie sie in vielfältiger Form beispielsweise in den Niederlanden zu finden sind, über Hinterhoffassaden mit bröckelndem Putz bis hin zu Giebeln in barocker Gestaltung oder ganzen Stadtpalästen.

Goldene Regeln

1. Hintergrundkulissen müssen farblich zur Anlage passen.

2. Die Lichtstimmung der Kulisse muss der der Anlage entsprechen; dies gilt vor allem für die Licht-Schatten-Wirkung.

3. Die Proportionen zwischen Vorder- und Hintergrund müssen abgestimmt sein.

4. Um Halbreliefhäuser am Hintergrund nicht platt wirken zu lassen, sollten Sie etwas abstehen. Gleiches gilt für aufkaschierte Hintergrundhäuser.

Vor allem von englischen Modellbauern kann man sich auf Ausstellungen eine Menge Ideen und Lösungen in Sachen Hintergrundgestaltung holen.

Bei Anlagen mit städtischen Motiven können Hintergründe auch aus Fassadenelementen gewöhnlicher Bausätze entstehen.

Das Aufkaschieren flacher Hintergrundelemente auf dicke Pappe erhöht die Plastizität der Kulisse.

5. Anlagenbetrieb

Damit der Spielbetrieb auf einer Modellbahn voll zum Tragen kommen kann, bedarf es zuvor der Installation einer mehr oder minder ausgefeilten Steuerungstechnik sowie einer gut eingerichteten Lokwartung. Zum Erreichen größtmöglicher Vorbildtreue sollten zudem einige Regeln in Sachen Farbgebung und Beschriftung beachtet werden.

5 Das Spiel mit der Bahn

Die Modellbahn kann auf vielerlei Arten betrieben werden. Nur einen Zug im Kreis fahren, wird schnell langweilig. Also schließt man weitere Gleise und Weichen an und teilt die Strecke in Abschnitte ein. Diese können bei Bedarf eingeschaltet werden, um mehrere Lokomotiven unabhängig zu steuern. Soll das aber zugleich mit unterschiedlichen Geschwindigkeiten erfolgen, kommt man nicht umhin, weitere Fahrtrafos anzuschaffen. Nun wird es kompliziert, denn man muss dafür sorgen, dass die Trafos an die richtigen Gleisabschnitte geschaltet sind. Zwangsläufig kommt man um einen festen Anlagenaufbau nicht mehr herum. Weiterer Aufwand entsteht, wenn Weichen, Signale und Beleuchtungen elektrisch ferngesteuert werden sollen.

Wird, wie heute die Regel, eine Digitalsteuerung eingesetzt, lässt sich vom ersten Augenblick an echter Mehrzugbetrieb durchführen. Kauft man eine Digitalstartpackung der Fahrzeughersteller, ist man bereits gut gerüstet. Neben den Schienen und Steuerungskomponenten sind ein, manchmal auch mehrere Züge enthalten. Gleichzeitig ist ein solches Anfänger-Komplettsystem immer preiswerter als der Einzelkauf.

Im unabhängigen Lokomotivbetrieb ohne Trennabschnitte erschöpfen sich die digitalen Möglichkeiten noch lange nicht. Zusätzliche Funktionen an den Triebfahrzeugen wie zuschaltbare Betriebsgeräusche oder Beleuchtungen gehören ebenso zum Standard wie Kräne mit unabhängig steuerbaren Funktionen. Einzelne Fahrzeugmodelle überzeugen zudem mit ansteuerbaren Kupplungen oder absenkbaren Stromabnehmern.

Spielen nach Fahrplan

Ein Stückchen der Wirklichkeit nachzuspielen – auf anglo-amerikanischen Modellbahnen eine übliche Spielversion. Eine gute Modellbahn wird dort mit einem Theater verglichen: Die Anlage selbst ist die Bühne, die installierte Anlagentechnik entspricht der Bühnenmechanik, die Szenerie und Geländegestaltung haben die Funktion der Kulisse, und die Modellzüge sind die Schauspieler. Als Regisseur fungiert man selbst. Doch kein Schauspiel funktioniert ohne das erforderliche Drehbuch

Das Nachstellen konkreter Vorbildabläufe bestimmt das Spiel auf dieser H0-Anlage nach amerikanischem Vorbild (oben).

Beleuchtete Fahrzeuge und Gebäude machen die Faszination des Nachtbetriebes aus (links).

Auf Lokkarten sind wichtigste Parameter verzeichnet (rechts).

Anlagenbetrieb

– auf die Modellbahn übertragen wäre das der Fahrplan. Der Titel des Theaterstücks steht bereits fest: „Betriebsalltag".

Doch wie soll man sich den Betriebsablauf vorstellen? Das zu spielende Stück soll nicht nur den Betriebsablauf wiedergeben, auch ein wenig Spielraum für geplante Überraschungen sollte mit eingeplant werden. Schon der Ausfall einer Lokomotive reicht aus, um bei dem betroffenen Zug eine Verspätung auszulösen, dessen Folgen sich auch bei den Anschlusszügen bemerkbar machen. Die Mitspieler werden es „dankbar" zur Kenntnis nehmen. Gerade hier liegt der Reiz beim Modellbahntheater: Neben der festgelegten Schauspielrolle kann nun der Akteur sein Improvisationstalent unter Beweis stellen.

Modellbahnzeit

Wer die Planung für seinen Modellbahnbetrieb in die Tat umsetzen möchte, braucht natürlich einen Fahrplan mit Zeitangaben. Um diese zu ermitteln, bedarf es einer Zeiteinteilung, die gemäß der kleineren Modell-Dimensionen natürlich entsprechend schneller abläuft. Bewährt haben sich Tagesabläufe innerhalb von drei bis vier Stunden. Auf kleinen Anlagen mit nur einem Bahnhof kann der Zeitplan auch verkürzt werden.

Zum Fahren nach Fahrplan benötigt man daher eine Uhr, die schneller läuft als gewöhnliche Uhren. Alternativ kann man dafür auch ein Computerprogamm nutzen.

Wagenkarten

Kleine nützliche Hilfsmittel ermöglichen dem Rangierer, die Übersicht zu behalten. Zum einen gibt es wie beim Vorbild Laufzettel, doch diese stecken nicht als Frachtbrief im Laufzettelhalter am Wagenmodell, sondern laufen als separate Steckkarten parallel zum Güterwagen.

Die Frachtzettel schreiben die Bewegung eines Güterwagens vom Versender zum Empfänger vor. Sie werden in die Transparenttasche der Wagenkarten gesteckt – die Frachtzettel sollen daher aus stabilem Karton angefertigt werden und runde Ecken aufweisen.

Die Farbmarkierungen stehen stellvertretend für den jeweiligen Bahnhof. Auf die Bahnhofsnennung kann daher getrost verzichtet werden.

Der kurze Farbstreifen mit beispielsweise „B" kennzeichnet den Versandort. Der Wagen muss also zuerst vom Ausgangsbahnhof zu einem anderen Bahnhof, in dem er die Ware empfängt. Erst dann geht er beladen auf Reisen. Leerfahrten sollten im weiteren Laufe des Spielbetriebes möglichst vermieden werden.

Während „L" für leer steht, ist der Zettel eines Stückgut-Kurswagens durch das „K" gekennzeichnet. Stückgutwagen werden meistens nie ganz entladen, sie haben mit neuer Beladung stets neue Zielbahnhöfe und sind ständig im Umlauf. Häufig laufen sie sogar die ganze Zeit im stetig wechselnden Zugverband mit.

Für jeden Bahnhof wird ein Zettelhalter gebastelt. In diesen kommen die im Bahnhof befindlichen Güterwagen. Für jeden Nachbarbahnhof gibt es ein weiteres Fach. Hier steckt man die Laufzettel jener Wagen, die von dem Fahrdienstleiter eines anderen Bahnhofes angefordert worden sind. Nun erkennt man, welche Wagen in welcher Reihenfolge für einen Zug zusammengestellt werden sollen. Mit der Abfahrt des Zuges übergibt man die Karten an den Nachbarbahnhof.

Auf vielen Rangieranlagen besitzt jeder Wagen eine Karte, welche über Herkunft, Ziel und Ladung informiert. Schließlich müssen Lokführer und Rangierleiter erfahren, wohin die Reise geht.

Eine solche Übersicht über Lok, Zug und die jeweiligen Decoderadressen ist durchaus sinnvoll.

Eine weniger aufwendige Lösung sind Datenkarten für die wichtigsten Lokomotiven.

5 Das Spiel mit der Bahn

Dieses Gleisbildstellpult mit integrierten Kameramonitoren entspricht echten Fahrdienstleiterstandards (oben), dürfte aber für etliche Heimanlagen überdimensioniert sein.

Reizvoll ist der Betrieb von Dampfloks mit integriertem Rauchgenerator. Beim Nachfüllen bewähren sich Spritzen.

Ein netter Schaueffekt ist dieser Zirkus im Maßstab 1:87, der sein Zelt für die Wochenendvorstellung aufbaut ...

... und bei Bedarf drehenderweise rasch durch einen Marktplatz oder ein weiteres Ensemble ersetzt werden kann – ganz wie im richtigen Leben.

Mitspieler erwünscht!

Vorbildrichtige Betriebsgrundsätze gibt es eine ganze Menge: Aufstellen und Einhalten von Fahrplänen, Aufgabenteilung von Lokführern, Fahrdienstleitern und Rangierern, Einführen einer Modellbahnzeit, Fahrordnungen und Zugbildungsvorschriften. Wer den Modellbahnspielbetrieb einer oder mehrerer dieser Regeln unterwirft, erlebt eine ganz neue Dimension: Plötzlich wird nichts mehr dem Zufall überlassen. Mitspieler sind daher gefragt. Man kann sich die Aufgaben so teilen, dass jeder einen Bahnhof und einen Teil der Fahrten übernimmt.

Hat man weitere Spieler bei der Hand, übernimmt einer die Lokfahrten und rangiert innerhalb eines Bahnhofes, der andere spielt den Fahrdienstleiter und sorgt für die Weichenstellung, die richtige Belegung der Gleise und für die Einhaltung des Modell-Fahrplanes.

Dieses Modellbahn-Spiel ist in seiner Art sogar vergleichbar mit anderen Erwachsenen-Brettspielen, bei denen Taktieren und rationales Denken gefordert sind.

Digitales Spielvergnügen

Langsam setzt sich die Rangierlok ans Ende des eingefahrenen Zuges. Nach dem Abkuppeln zieht sie die Kurswagen ab, während der restliche Zug sich auf die Weiterfahrt begibt: Ein solches Szenario ist auf analogen Anlagen mit Standardlokomotiven eigentlich undenkbar, denn die Fahrtrichtung ist für alle Loks durch die Polarität der Gleise vorgegeben. Wer es dennoch nachgestalten möchte, sieht sich einem enormen Verdrahtungs- und Schaltungsaufwand mit der Einrichtung entsprechender, elektrisch getrennter Gleisabschnitte gegenüber.

Im Falle der Digitalsteuerung mit mindestens zwei unabhängigen Fahrreglern, egal ob separat oder an einem Bedienpult wie der ECoS, sind solche Betriebssituationen dagegen einfach umzusetzen und erhöhen den Fahrspaß enorm.

Autoverkehr

Ebenso wie die Schienenfahrzeuge profitiert der Straßenverkehr von der Digitalisierung. Das bekannte Car-System von Faller hat inzwischen einige Nachahmer gefunden, bei denen sich einzelne Fahrzeuge mittels Decodern (funkfern-)steuern lassen. Schaltbares Licht ist ebenso möglich wie kleine Soundbausteine etwa bei Polizei- und Feuerwehrautos.

Noch einen Schritt weiter gingen die Verantwortlichen im Hamburger Miniatur-Wunderland. Dort erkennen die zentralen Steuerrechner jeweils den aktuellen Ladezustand der Akkus aller Fahrzeuge und schicken diese entsprechend selbsttätig zur Ladestation. Die Versorgung mit Ladestrom erfolgt schließlich über klappbare Federkontakte und die

Anlagenbetrieb

entsprechend modifizierten Bügel der Fahrzeugaußenspiegel. Sind die Akkus der Autos aufgeladen, setzen diese ihre Reise automatisch fort.

Verladezubehör

Was wäre ein Güterbahnhof ohne funktionierenden Kran? Egal, ob Greiferdrehkran am Hafenkai, Brückenkran am Schrottplatz oder Containerkran am Terminal: Durch den Einsatz der Digitaltechnik lassen sich Funktionen wie Drehen, Heben und Senken, Auslegerverstellungen sowie die Greiferbewegungen sehr gut steuern. Hinzu kommt in Verbindung mit leistungsfähigen Kleinmotoren das Verfahren der Kräne beziehungsweise Kranbrücken entlang der Ladegleise.

War Rocos erster Digitalkran noch ortsfest und nur mit einem extra Joystick steuerbar, ging Märklin mit seinen Kränen später weiter. Sowohl Brücken- als auch Bekohlungskran lassen sich mit den eigenen Geräten (Mobile-Station, Control Unit) genauso manövrieren wie Loks und Züge. Besonders beeindruckend sind die Spielmöglichkeiten der Brückenkräne. Dort kann man sowohl den Kranwagen allein als auch den gesamten Kran verfahren und damit, abhängig von der Länge der Kranschienen, einen beachtlichen Bereich abdecken. Vergleichbare Spielmöglichkeiten bietet Heljans Containerkran. Er wird mit einem eigenen Steuergerät geliefert. Neben dem Heben und Senken der Container können diese auch horizontal gedreht werden. Beim Verladen von Wechselbehältern lassen sich zudem vorbildgerecht die seitlichen Aufnahmen ausklappen. Einzige zusätzlich zu schaffende Voraussetzungen für das Spielvergnügen: Ausreichend mit Magneten bestückte Container.

Da die Strom- und Befehlsversorgung der Kräne auch aus den Gleisen möglich ist, konnte Märklin mit dem heute technisch (und leider auch preislich) unerreichten Eisenbahndrehkran Goliath Maßstäbe setzen. Etwas überschaubarer ist dessen kleinere Ausgabe, gleichfalls von Märklin. Der einfache Kran kann sich drehen sowie den Ausleger und Kranhaken separat heben und senken.

Goldene Regeln

1. Konkrete Aufgabenstellungen, etwa Gütertransport wie beim Vorbild, lassen keine Langeweile aufkommen.
2. Heutige Digital- und Mikrotechnik ermöglicht das Nachstellen auch komplexer Verladesituationen ohne die früher nötigen händischen Eingriffe. Nachteilig sind die hohen Anschaffungskosten.
3. Eine Geräuschkulisse belebt die Modellbahn akustisch und bringt sie damit dem Vorbild näher. Aber Vorsicht – ein Zuviel verkehrt den Effekt ins Gegenteil.

Leben auf den H0-Straßen wie im Hamburger Miniaturwunderland hat seinen eigenen Reiz, auch die Technik des Ladens ist nicht ohne.

Einfach zu bedienen ist der voll bewegliche H0-Containerkran von Heljan, nutzbar ab Epoche V.

Vorreiter in Sachen Bewegung ist Märklin mit verschiedenen voll beweglichen Drehkränen.

5 Digitale und analoge Steuerungen

Der aus einem Lenz-Set stammende Drehregler ist im Digitalbetrieb eine kostengünstige Alternative zu Tastenreglern.

Groß- und Ausstellungsanlagen, etwa Mo187, steuern ihre Züge per PC mit passender Software.

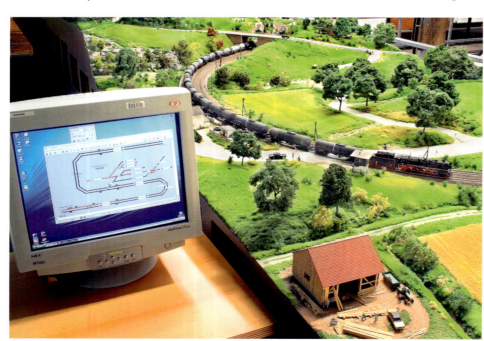

Was ist eigentlich digital? Ein digitales Signal ist ein Augenblickswert einer physikalischen Größe, gemessen und dargestellt als ganze Zahl. Damit die Signale einen sicheren Datentransfer gewährleisten, dürfen die Leitungen nur zwei Zustände übertragen, das heißt entweder den Zustand „kein Strom" oder „Strom vorhanden". Dies nennt man binäres Signal, sein Informationsgehalt wird als Bit bezeichnet. Durch die Zusammenfassung von mehreren Bits entsteht ein digitales Signal.

Auf der Modellbahn wird seit Mitte der 1980er-Jahre diese Technik auch für die Steuerung von Fahrzeugen und Anlagenfunktionen genutzt. Natürlich brauchen einfache elektrische Schaltungen nicht unbedingt durch kostspielige Digitalschaltungen ersetzt werden, der Vorteil der Digitalsteuerung liegt aber in der Möglichkeit, mehrere Funktionen gleichzeitig bei einem Adressaten abrufen zu können.

Betriebsmodus

Von einer Zentraleinheit werden unabhängig voneinander mehrere Lokomotiven, die mit entsprechenden Decodern versehen sind und unterschiedliche Adressen erhalten haben, mit digitalen Signalen angesteuert. Die Fahrzeuge brauchen nicht in separaten Gleisabschnitten zu stehen, wie es bei einer analogen Stromversorgung nötig wäre, damit nicht alle Lokomotiven den gleichen Fahrstrom erhalten. Auf diese Weise können auf einem Stromkreis mehrere Lokomotiven bewegt werden.

Die Zentraleinheit gibt keine Spannung an die Lokomotiven weiter, sondern sendet Zahlenkolonnen über die Gleise zu allen Fahrzeugen. In der Kolonne befindet sich auch die Nummer verpackt, mit der das ausgewählte Fahrzeug angesprochen werden soll.

Der Fahrzeugdecoder wiederum ist für verschiedene Adressen programmierbar. Erkennt nun dieser Decoder seine Nummer, reagiert er auf die anhängenden Informationen und wandelt sie in Funktionen um. Bei allen anderen Fahrzeugen läuft die gleiche Information ohne irgendeine Reaktion weiter, es sei denn, es hat zufällig ein anderes Fahrzeug die gleiche Adresse erhalten.

Digitalsysteme

Die Entwicklung der digitalen Modellbahnen verlief nicht nach einheitlichen Standards. Dies führte dazu, dass es heute zwei große Digitalsysteme auf dem Markt gibt. Der Marktführer Märklin setzt seit Anfang an das für ihn entwickelte und nach dem Chiphersteller benannte Motorola-Format ein, während alle anderen Hersteller inzwischen nach dem DCC-Standard arbeiten.

Märklin-Motorola

Für die Freunde des Mittelleiterbetriebs ist dieses System erste Wahl, da heute praktisch alle Loks mit Mittelschleifer, egal von welchem Hersteller, einen dafür tauglichen Decoder besitzen.

Im Laufe der technischen Weiterentwicklung wurde das Motorola-Format den Bedürfnissen der Gleichstromsysteme angepasst (es wird deshalb üblicherweise zwischen Motorola I und Motorola II unterschieden). Seit der Einführung des Motorola-II-Formates für die hauseigene Spur-1-Bahn ist es im Prinzip auch für alle Gleichstrombahner einsetzbar. Praktisch spielt es aber bei den Zwei-

Anlagenbetrieb

leiter-Gleichstromfahrern kaum eine Rolle. Mit nur 80 möglichen Adressen und lediglich 14 Fahrstufen muss man beim Motorola-Format einige technische Abstriche hinnehmen. Für die hauseigene Baugröße Z, auch eine Zweileiter-Gleichstrombahn, bietet Märklin derzeit noch kein Digitalsystem an, wohl aber für die Hausmarke Trix. Ende 2005, mit der Einführung einer neuen Generation von Digitalgeräten, deren Mittelpunkt die Central Station ist, hat Märklin gleichzeitig ein neues Datenformat eingeführt. Das als „mfx" bezeichnete ist natürlich für den bi-direktionalen Datenverkehr ausgelegt. In Verbindung mit den mfx-Decodern ist das Programmieren der Fahrzeuge heute kinderleicht, die mfx-Decoder melden sich sogar selbstständig an.

Allerdings bringen diese Decoder beim Marktführer aber den weitgehenden Verzicht auf die bislang eingebauten Allstrommotoren mit sich, die mfx-Decoder werden bislang nur für Gleichstrom- und Sinus-Hochleistungsmotoren gefertigt.

Neben dem hauseigenen System unterstützt die Firma Uhlenbrock auch sehr engagiert das Märklin-Motorola-Format. Durch verschiedene Adapter können modernste Komponenten wie die Mobile Station an die alte Märklin-Zentrale 6021 angeschlossen werden. Märklin bietet diese sinnvolle Ergänzung selbst nicht an. Auch alle Geräte, die ihre Daten via LocoNet erhalten, lassen sich über einen entsprechenden Adapter an der alten Märklin-Zentrale nutzen.

DCC-Format

Heute sind vierstellige Adressen, 128 Fahrstufen und eine Lastregelung bei den Lokdecodern eine Selbstverständlichkeit. Damit ist auch für DCC-Fahrer der Fahrkomfort erreicht worden, den die Selectrix-Fahrer von Beginn an genießen konnten. Weitere Entwicklungen rundeten in erster Linie die jeweils firmeneigenen Systeme ab. Der Erfinder des DCC-Standards, Lenz, vertreibt seine beiden Einsteigersets nun schon seit einigen Jahren in nahezu unveränderter Form. Technische Neuerungen wurden durch entsprechende Updates implementiert. Die jüngsten Lenz-Entwicklungen, etwa das ABC genannte Bremssystem und die USP genannte Anschlussmöglichkeit von Speicherkondensatoren an die Decoder, sind bislang nur Lenz-Fahrern zugänglich.

Ein Klassiker unter den Digitalsystemen ist seit 1999 die Intellibox von Uhlenbrock. Durch ihre system- und herstellerübergreifende Konstruktion fand sie weite Verbreitung. Das System um die Intellibox rundete Uhlenbrock in den letzten Jahren durch Daisy, Iris und Lissy ab. Dabei steht Daisy für ein preiswertes, digitales und analoges System. Mit Iris lässt sich die Modellbahn drahtlos via Infrarottechnik dirigieren. Lissy schließlich ist ein sehr ausgeklügeltes Steuerungssystem, basierend auf Infrarotsendern in den Fahrzeugen und entsprechenden Empfangsdioden im Gleis. Damit lassen sich nahezu alle anfallenden Steuerungsaufgaben ohne PC bewältigen. Der Einsatz von Lissy setzt allerdings den Datentransfer über das Loco-Net voraus.

Lokdecoder mit einer hochfrequenten Ansteuerung zum Betrieb von Faulhabermotoren wurden den DCC-Fahrern zuerst von Zimo offeriert. Bis heute genießen gerade die Lokdecoder aus diesem Hause einen außergewöhnlichen Ruf.

Die stabilisierte Ausgangsspannung, die auch bei maximaler Belastung nicht absinkt, ist eine weitere Zimo-Spezialität. In Verbindung mit der hohen Ausgangsleistung und dem neuen Funkregler bietet sich dieses System auch für Großbahner an. Auch von außen steuerbare Bremsvorgänge, etwa Langsamfahrstrecken, gehören bei Zimo schon lange zum Standard. Aber die Zimo-Bremssteuerung funktioniert nur systemintern. Neben der Zentrale müssen auch die Fahrzeugdecoder aus dem Hause Zimo stammen. Immerhin unterstützen inzwischen auch die Decoder einiger anderer Hersteller diese Technik.

Auch die Firma Roco war nicht unwesentlich an der Verbreitung der Digitalsysteme beteiligt. Mit „Digital ist cool" bot dieser Hersteller ein sehr preiswertes Digitalsystem an. Der enorm günstige

Der Tastenregler LH 100 von Lenz erlaubt die Fahrzeugsteuerung mit Tasten und ist der Nachfolger des Drehreglers LH 90. Beide Geräte kann man parallel nutzen.

Für das Selectrix-System bietet der Hersteller MÜT einen über Tasten steuerbaren Handregler.

Die Control Unit ist das Herzstück älterer Märklin-Digitalsysteme.

5 Digitale und analoge Steuerungen

Bereits Märklins Mobile Station bietet digitalen Fahrspaß fast ohne Einschränkungen, sofern die eingesetzte Lok über die entsprechenden Funktionen verfügt.

In der Regel bietet Märklins Tender älterer Modelle genügend Raum für den nachträglichen Einbau der Schaltbausteine sowie des zugehörigen Lautsprechers.

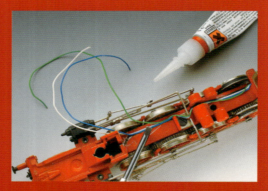

Im Lokrahmen werden die gebündelten Kabel für Stromzufuhr und den Anschluss der Laternen verlegt und mit Sekundenkleber unauffällig fixiert.

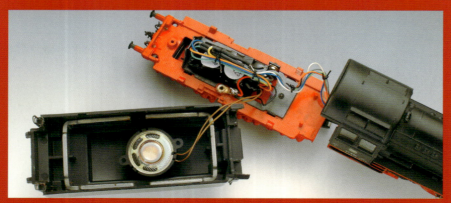

Preis sorgte für eine weite Verbreitung der Roco-Lokmaus I und II sowie inzwischen der Multimaus bei den Zweileiter-Gleichstrom-Fahrern.

Am anderen Ende der Maßstabsskala sind die Großbahner angesiedelt. Neben der Firma LGB bietet etwa die Firma Massoth ein speziell auf die Bedürfnisse der Gartenbahner zugeschnittenes Digitalsystem an. Damit lässt sich auch im heimischen Garten digitaler Fahrspaß erleben.

Ein manchmal zu Unrecht vernachlässigtes System ist das ursprünglich von Trix eingeführte Selectrix-Format. Neben Trix, inzwischen zur Firma Märklin gehörig, bieten aber auch einige andere rührige Anbieter, wie beispielsweise MÜT, vom kompletten System bis zu verschiedenen Decodern alles für Selectrix an. Die kleinsten Decoder gibt es nach wie vor nur für dieses System.

Neue Entwicklungen lassen die Unterschiede zwischen den Systemen langsam schwinden. Lokdecoder, die sowohl nach dem DCC-, dem Selectrix- und dem Motorola-Standard angesteuert werden können, sind bei verschiedenen Herstellern erhältlich. Aber auch Systeme, die entweder das DCC-, das Motorola- oder das Selectrix-Signal erzeugen können, sind im Handel.

Fahrzeugfunktionen

Als Pionier auf dem Gebiet der digitalen Modellbahnsteuerung kann die Firma Märklin bezeichnet werden. Mittlerweile befindet sie sich in der dritten Digital-Generation. Ihre Fahrzeuge werden serienmäßig mit unterschiedlichen Funktionen ausgestattet. Das Ein- und Ausschalten der Beleuchtung ist dabei schon Standard. Die Lauffähigkeiten des Motors können ebenfalls durch elektronische Anfahr- sowie Bremsverzögerung beeinflusst werden. Funktionen bei Dampflokomotiven wie der laute Pfiff der Dampfpfeife, das Läuten der Glocke und die so charakteristischen Auspuffschläge sind neu. Auch für Elektro- und Diesellokomotiven sind Signalhorntöne, Bremsgeräusche, bei einigen Lokomotiven zusätzlich die Motorgeräusche zuschaltbar. Märklin setzt voll auf die Welt der Geräusche. Doch auch Gleichstromfahrer müssen nicht zurückstehen. Langsam erobern Soundbausteine, die serienmäßig in den Fahrzeugen eingebaut sind, den Markt. Hersteller wie ESU oder Uhlenbrock führen heute außerdem digitale Soundbausteine zum Nachrüsten vorhandener Fahrzeuge in ihren breiten Sortimenten.

Die von der Firma ESU angebotenen Sounddecoder sind eine Kombination aus Geräuschbaustein und Decoder. Schon fast selbstverständlich handelt es sich um Multiprotokolldecoder, die sowohl für das Motorola-Format als auch für den DCC-Standard geeignet sind. Sie werden beispielsweise von Fleischmann und Roco in vielen Lokomotiven ab Werk angeboten. Darüber hinaus gibt es sie mit vielen verschiedenen Geräuschen

Anlagenbetrieb

zum Nachrüsten vorhandener Fahrzeuge, nicht nur für die Baugröße H0, sondern in der XL-Version auch für Fahrzeuge ab Baugröße 0 aufwärts.
Die Firmen Lenz, Uhlenbrock und Dietz gingen einen anderen Weg: Gemeinsam entwickelten sie eine Decoderschnittstelle mit Namen SUSI (das steht für Serielles User Standard Interface). An alle Decoder mit dieser Schnittstelle lassen sich separate Komponenten wie zum Beispiel Geräusch- oder Funktionsbausteine einfach anschließen.
Da auch Decoder für das Selectrix-System mit SUSI-Schnittstelle angeboten werden, stehen die Zusatzbausteine für den Anschluss an SUSI somit für alle gängigen Digitalsysteme zur Verfügung.
Nicht nur Lokomotiven bekommen auf diese Art zusätzliche Funktionen, sondern auch Wagen erhalten konstante, jederzeit abschaltbare Innenbeleuchtungen und andere, mehrgängige Funktionen (z. B. sich öffnende Personenwagentüren bei Roco). Digital ansteuerbare Eisenbahnkräne erwachen plötzlich zum Leben, heben und senken ihre Ausleger, drehen den Aufbau und können gefühlvoll mit ihrem Haken Lasten befördern.
Mittlerweile haben fast alle Hersteller ein eigenes Digitalsystem im Programm, wobei mit der systemeigenen Zentraleinheit zwischen vier und 9999 Fahrzeuge angesprochen und verschiedene Funktionen ausgelöst werden können. Wer den Einstieg in den Digitalbereich erst jetzt wagt, braucht seine konventionellen Lokomotiven nicht verkaufen, die meisten lassen sich nachträglich noch mit einem Decoder ausstatten und so weiter auf der digitalgesteuerten Anlage einsetzen.

Preiswertes Digital

Von den großen Firmen werden preiswerte Systeme, meist in Verbindung mit einer kompletten Startpackung, angeboten. Diese bieten sich durchaus auch zum Umstieg von konventioneller auf digitale Modellbahnsteuerung an.
Märklin nennt sein aktuelles Einstiegssystem Mobile Station. Damit lassen sich bis zu zehn Lokomotiven steuern. Für kleine Anlagen ist das absolut ausreichend. Beim Aufstieg auf das Topsystem, die Central Station, bleibt das Mobile Control als kabelgebundener Handregler weiter im Einsatz. Als neuestes Produkt auf dem Markt, verfügt das Märklin-System der dritten Generation natürlich über einige innovative Ergänzungen. Stellvertretend sei hier nur die Loknummernkennung genannt. In Verbindung mit geeigneten Decodern erkennt das System die aufgegleiste Lokomotive automatisch und meldet sie beim Modellbahner an. Die Frage, welche Adresse denn nun die gerade eingesetzte Lok hat, erübrigt sich damit.
Im Gleichstrombereich bietet Roco einen besonders preiswerten Einstieg. Ein komplettes Digitalsystem nach dem DCC-Standard, mit dem sich bis zu 99 Fahrzeuge und maximal 256 Weichen steuern lassen, ist Bestandteil der Roco-Startsets. Das System lässt sich mit Komponenten aus dem Hause Roco wie zum Beispiel dem Route Control zum Steuern von Weichen erweitern. Aber auch Geräte aus dem Hause Lenz, zum Beispiel deren Handregler, und der Funkhandregler von ESU lassen sich anschließen.
Ähnliches bieten Fleischmann und Piko mit abgewandelten Uhlenbrock-Steuerungen oder Liliput mit einem ESU-kompatiblen System, welches sogar drahtlos arbeitet.

Digitalzentralen

Kernpunkt von Märklin Systems ist die Central Station. Streng genommen handelt es sich um ein Multiprotokollsystem der neuesten Generation, welches sowohl den Motorola- als auch den neuen mfx-Standard bietet. Mit einer elektrischen Leistung von 48 VA liegt Märklins Central Station im üblichen Rahmen aller Digitalsysteme. Ein höherer Strombedarf wird, wie allgemein üblich, über Booster bereitgestellt. Angaben über die maximale Zahl zu steuernder Lokomotiven oder Weichen erübrigen sich eigentlich. Die Leistungsgrenzen (über 16.000 Lokadressen und 288 Magnetartikel) des Systems werden auch von großen Modellbahnanlagen nicht so schnell erreicht.
Ähnlich der seit Jahren erhältlichen Intellibox von Uhlenbrock, die ja neben zwei Fahrpulten ein Weichenstellpult und den Anschluss zu einem Computer bietet, bekommt der Modellbahner mit der neuen Märklin-Zentrale alles, was er derzeit zur digitalen Steuerung einer Modellbahn braucht. Dazu gehören auch zwei integrierte Fahrregler rechts und links im pultförmigen Gehäuse. Ein Datenspeicher, den man natürlich erst einmal füllen muss, erleichtert das Aufrufen von Fahrzeugen, die noch keinen mfx-Decoder besitzen.
Zum direkten Ansteuern der Lokomotivfunktionen dienen je acht Taster neben den Fahrreglern. Weitere Schaltelemente, etwa zum Ansteuern von Weichen, sucht man vergebens. Alle zusätzlichen Bedienelemente sind Bestandteil des zentral angeordneten Touchscreens. Mit dieser Art der Steuerung erschließen sich neue, übersichtlichere Möglichkeiten der Modellbahnsteuerung.
Der linke und rechte Bereich des Monitors dient der Anzeige der möglichen Lokomotivfunktionen. Den Funktionen werden jeweils Symbole zugeordnet. Im Grunde eine gute Idee, erübrigt sich so die Frage, welche Funktion auf welcher Taste liegt, aber bei den gebotenen maximal 16 Zusatzfunktionen verliert man trotz der Symbole rasch den Überblick, zumal einige Symbole eventuell mehrfach auftauchen, obwohl sie unterschiedliche Funktionen auslösen. Doch nur wenige Fahrzeuge bieten eine derartige Fülle von Zusatzfunktionen und so bleibt der positive Eindruck der übersichtlichen Bedienbarkeit Central Station.

Mit Mobile und Central Station bietet Märklin ein sehr umfassendes vernetzbares Digitalsystem.

Uhlenbrocks Intellibox war die erste Universalzentrale, welche beide gängigen Systeme steuert.

Ein preiswertes und einfaches Digitalsystem für Weichen und Loks ist Rocos Multimaus.

Ebenfalls preiswert ist der Daisy-Regler von Uhlenbrock. Auch er steuert im DCC-Format Loks und Zubehör wie Weichen.

5 Digitale und analoge Steuerungen

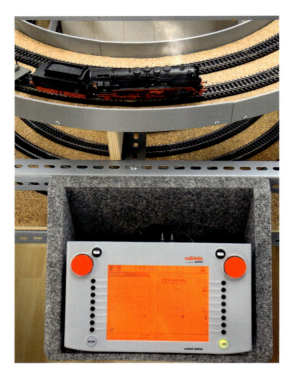

Märklins Central Station ist eine sehr komfortable Steuerung für Loks und Zubehör, lässt sich aber leider nicht mit anderen marktüblichen Systemen kombinieren.

Eine mit der Central Station vergleichbare Zentrale ist die ECoS. An sie können mittels Adapter fast alle produktfremden Regler angeschlossen werden.

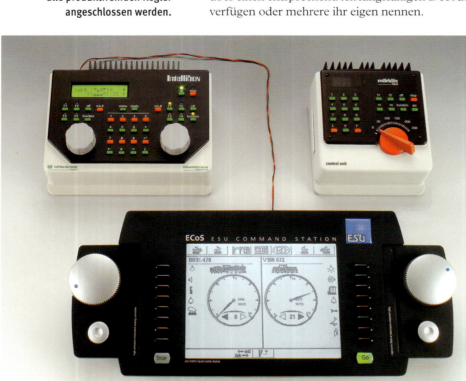

Dieser Bedienungskomfort trifft auch auf alle Fahrzeuge mit Decodern nach dem Motorola-Standard zu. Dazu muss der Modellbahner seine Fahrzeuge nur einmal im Datenspeicher anlegen. Allen genutzten Funktionen können Symbole aus einer umfangreichen Auswahl zugeordnet werden. Der volle Leistungsumfang, wie etwa die 16 schaltbaren Zusatzfunktionen, kann natürlich nur genutzt werden, wenn die eingesetzten Fahrzeuge über einen entsprechend leistungsfähigen Decoder verfügen oder mehrere ihr eigen nennen.

Ein separates Keyboard zum Stellen von Weichen ist nicht mehr nötig. Die Möglichkeit der Weichensteuerung gehört zur Grundausstattung der Central Station. Zum Schalten von Magnetartikeln mit der neuen Zentraleinheit kommen vorerst die altbekannten Märklin Schaltdecoder vom Typ k 83 oder ähnliche zum Einsatz. Im Gegensatz zu den mfx-Lokomotivdecodern, die ja bereits seit 2004 im Handel sind, ist noch keine neue Generation von Schaltdecodern angekündigt. Dabei wäre der Komfort der mfx-Lokdecoder auch beim Schalten von Anlagenfunktionen wünschenswert, denn bislang ist jeder Magnetartikel und jedes Lichtsignal einzeln einzuprogrammieren.

Darüber hinaus lassen sich über verschiedene Adapter auch alle vorhandenen Geräte des alten Märklin Digitalsystems, wie etwa Booster oder Control 80 f, anschließen.

Über ein separates Adapterkabel läßt sich die kleine Schwester der Central Station, die Mobile Station, als kabelgebundener Handregler anschließen. Beim ersten Anschluss der Mobile Station wird der Datenspeicher aktualisiert und dem Stand der Zentrale angepasst. Bei Bedarf lassen sich auch mehrere Mobile Stations anschließen.

Aus der großen Zahl der vorhandenen Loks und Fahrzeuge aus der Lokliste lassen sich maximal 10 Fahrzeuge auf einen Handregler übertragen. Losgelöst von der ortsgebundenen Central Station kann man so im Bahnhof direkt nahe der rangierenden Lokomotive stehen oder andere präzise Fahrbewegungen unmittelbar vor Ort kontrollieren.

Ein Interface, wie man es bei vielen Digitalsystemen findet, sucht man bei der Central Station vergebens. Sie ist netzwerkfähig, wie es in der Computersprache heißt. Ihr Anschluss erfolgt über ein normales Netzwerkkabel aus dem Computerbereich. Die Integrationsmöglichkeit in ein Computernetzwerk stellt einen ganz wesentlichen Faktor zur Zukunftssicherheit des Systems dar. Beim Einsatz mit einem Computer wird die Central Station wie ein eigenständiger Rechner behandelt. Über das Netzwerk sind jederzeit Updates möglich. Die Central Station kann also ständig neuen Entwicklungen und Möglichkeiten angepasst werden.

Doch nicht nur technische Weiterentwicklungen können so integriert werden. Auch die Datenbank, die ja ständig durch neue Fahrzeuge ergänzt wird, lässt sich so jederzeit auf den neuesten Stand bringen. Leider besteht zurzeit noch nicht die Möglichkeit, die einmal eingegebenen Daten auf einem separaten Datenspeicher, etwa einem USB-Stick oder einer Speicherkarte, zu sichern.

ESU ECoS

Rein äußerlich zeigt die Digitalzentrale von ESU Parallelen zu der Central Station von Märklin, so die Anordnung der Bedienregler und Tasten, vor allem

Anlagenbetrieb

aber in der grafischen Gestaltung der Monitordarstellungen. Die ECoS, so der Name des Multiprotokoll-Steuergerätes, ist in erster Linie für den kompletten DCC-Markt ausgerichtet, erst in zweiter Linie für das Märklin-System. Darüber hinaus ist sie auch für das Selectrix-System geeignet.

Mit einer dauerhaften Ausgangsleistung von 90 VA eignet sich die Zentrale auch für den Einsatz in der Baugröße 1 und 2 ohne zusätzlichen Booster. Ein externer Booster steigert die Ausgangsleistung vor allem während des gleichzeitigen Einsatzes mehrerer beleuchteter Züge.

Viele Funktionen, die von der Central Station her bekannt sind, sind auch bei der ECoS anzutreffen, so die Wahl der Loksymbole, das Einprogrammieren der Fahrzeuge oder die Bedienung der Magnetartikel. Zum Schalten der Weichen wird die platzraubende Tachografik ausgeblendet, dadurch steht für die Namensgebung jeweils eine Zeile mehr zur Verfügung. Darüber hinaus stellt ESU auch noch separate Symbole für Bogenweichen und Fahrstraßen bereit.

Märklin-Lokomotiven mit mfx-Decodern werden nicht selbstständig erkannt. Aus patentrechtlichen Gründen erfolgt hier eine Einprogrammierung wie bei herkömmlichen Decodern.

Da es sich bei der ECoS-Zentrale im Prinzip um einen Computer mit dem Betriebssystem Linux handelt, darf man gespannt sein, wann Computerfreaks die ersten eigenen Ergänzungen im Internet präsentieren, so Softwaremodule zum automatischen Anmelden von Märklin-mfx-Decodern.

Schon werksseitig enthalten sind 1024 Weichenstraßenschaltungen mit jeweils bis zu 256 Magnetartikelschaltungen sowie die Steuerung von bis zu acht Pendelzügen gleichzeitig. Gesteuert wird die Pendelstrecke mit jeweils einem s88-Kontakt an jedem Gleisende. Bis zu zwanzig Sekunden kann der automatisch abgebremste Zug stehen bleiben, bis er die Rückfahrt wieder antritt. Während der Fahrt zwischen den beiden s88-Kontakten lässt sich der Zug auch jederzeit über einen Fahrregler händisch steuern, doch mit Erreichen der Kontaktstelle greift die Automatik ein. Mit dem Einsatz der s88 Rückmelder greift ESU auf den bei Märklin Fahrern verbreiteten Standard zurück.

Der bekannte Funkhandregler Mobile Control mittels einer Sende-Empfängerplatine, die auf der Unterseite der ECoS unter einem abnehmbaren Deckel verstaut wird, ist schon jetzt eine komfortable Walk Around-Bedienung in Verbindung mit der ECoS. Ein entsprechendes Update für bei Modellbahnern längst in Benutzung befindliche Mobile Controls wird von ESU im Internet zur Verfügung gestellt.

Wer jedoch Handregler anderer Hersteller sein eigen nennen kann, braucht diese nicht wegwerfen. So wird die Mobile Station von Märklin direkt an der ESU-Zentrale angeschlossen, während alle anderen Handsteuergeräte den Kontakt zu ihren Zentralen beibehalten müssen, aber der zur Schiene ausgehende Datensatz wird über den ECoSniffer-Eingang in die ECoS umgelenkt und dort komplett ausgelesen und von der Zentrale ohne Einschränkungen verwaltet. Die Geschwindigkeitsregulierung überträgt sich auf die motorisch betriebenen Drehregler der ECoS, auch das Geschwindigkeitstachometer zeigt die korrekten Werte dazu. Lokname, Lokadresse und weitere Daten werden je nach System entsprechend der ECoS-Grafik dargestellt. Genauso wie die Daten der Handregler ausgelesen werden, lässt sich auch das alte Märklin Delta-System erkennen und komplette Fahrpulte wie das Märklin 6021 oder die Intellibox von Uhlenbrok sind mit der ECoS vollkommen integrierbar. Mit der gemeinsamen Nutzung der ECoS-Zentrale und beispielsweise der Intellibox kann man vier Fahrzeuge gleichzeitig per Handregler steuern und braucht nicht ständig auf die Lokliste des Monitors zurückspringen, um neben den zwei bei der ECoS sichtbar geregelten Lokomotiven weiter gezielt zu kontrollieren.

Im Gegensatz zu Märklins Central Station lassen sich alle Daten der ECoS in einem Computer abspeichern und jederzeit wieder rückübertragen. Als Komunikationsverbindung dient ein gewöhnliches Netzwerkkabel. Das separate Auslesen der Lokliste oder gar einzelner Lokomotiven mit ihrem kompletten Datensatz ist derzeit noch nicht möglich, ist aber angedacht. Das wäre auch sehr wünschenswert, denn so kann man bei einem gleichgesinnten Modellbahner seine Lieblingslokomotiven mitnehmen und dort auf seine Gleise stellen. Mit einem kurzen Update vor Ort könnten dann sämtliche Funktionen und Einstellungen der Fahrzeuge in das dortige Stellgerät, natürlich muss das auch eine ECoS sein, einfließen.

Viessmann Commander

Die Steuerzentrale von Viessmann ist die jüngste der Zentralen. Auch sie bedient sich eines 7-Zoll-Touchscreen-Monitors. Dieser ist jedoch vollfarbig und hat mit 800x480 Bildpunkten eine hohe Auflösung. Die Farbe erleichtert natürlich die Erkennung der Schaltungen, vor allem bei Lichtsignalen. Die derzeitige Grafik wirkt jedoch sehr unruhig, was auf zu viele Farbdarstellungen und zu unterschiedliche Schriften zurückzuführen ist. Von Vorteil ist die wahlweise Fahrzeugdarstellung mittels vorgegebener Grafik oder eines selbst geschossenen Fotos, das als JPEG-Datei in die Lokliste aufgenommen werden kann. Überhaupt ist die sichtbare Lokliste sehr großzügig gehalten, neben einer beliebigen Namensgebung wird auch der Decodertyp samt Adresse angezeigt und weitere individuelle Angaben sind in einem separaten Block eintippbar. Man kann wahlweise die beiden direkt gesteuerten Fahrzeuge in Verbindung mit

Der Commander von Vessmann besitzt ein integriertes Gleisbildstellpult zur Anlagensteuerung und ist auf zwei Arten bedienbar: mit einem mitgelieferten Spezialstift oder per Wählrad.

Mittels Wählrad und dem als Cursor fungierenden mittigen Kipptaster lassen sich eigene Gleisgeometrien aufbauen.

5 Digitale und analoge Steuerungen

Signale dienen nicht nur der Gleisumfeldgestaltung, betriebsfähig installiert sind sie ein wichtiges Element vorbildgerechter Zugsteuerung.

einem Stellpult anzeigen lassen oder acht, direkt durch Monitorberührung erreichbare Fahrzeuge darstellen, so dass man die gebräuchlichsten Fahrzeuge stets im Blick hat.

Bei der Fahrzeugsteuerung setzt Viessman auf die beiden Datenformate Motorola und DCC. Innerhalb des DCC-Standards wird man sich auch dem Railcom Standard anschließen.

Neben einigen bekannten Bussystemen, wie etwa dem XPressNet, setzt Viessmann bei der Anlagensteuerung auf ein neues, erheblich schnelleres Bus-System aus eigenem Hause. Diese Highspeed-Leitung ist ausschließlich dem bidirektionalen Datenversand zugedacht, die Stromversorgung für die Schaltartikel erfolgt über eine separate Ringleitung. So wird der wertvolle Datensatzverkehr nicht zusätzlich durch Stromeinspeisungen belastet. Dieses werden insbesondere Betreiber von großen, automatisch gesteuerten Anlagen zu schätzen wissen. 16 Schaltartikel sind pro Anschlussmodul anschließbar.

Das Gleisbildstellpult stellt die eigentliche Besonderheit bei dieser Schaltzentrale dar. Wird bei ESU die Fahrstraße durch ein einzelnes Symbol dargestellt, nutzt Viessmann den Monitor zur Wiedergabe der kompletten Fahrstraße, ähnlich einem herkömmlichen Stellpult.

Alle Funktionen werden auf dem Monitor angezeigt und durch Fingerberührungen ausgelöst. Drei wahlweise unterschiedliche Darstellungsgrößen erlauben den Überblick auch bei etwas größe-

ren Anlagen. Das Anlegen der Symbole für ein Stellpult erfolgt entweder mittels des Navigators oder einfach nur durch Fingerberührung des Monitors. Im Gegensatz zu den beiden bereits vorgestellten Geräten sucht Viessmann den Kontakt zum Computer über eine USB-Schnittstelle. Das Abspeichern der kompletten Daten ist möglich. Regelmäßige Updates, im Internet kostenlos zur Verfügung gestellt, erweitern wie auch bei den anderen Zentralen nach und nach die Möglichkeiten.

Fazit

Die Grundversion der Central Station bietet alles, was zur komfortablen Steuerung einer Modellbahn benötigt wird. Allerdings ist sie nur für das Märklin-System ausgelegt.

Die ECoS von ESU kann im eigentlichen Sinn als eine Weiterentwicklung der Central Station angesehen werden, zumal ESU auch bei der Märklin-Zentrale Entwicklungshilfe geleistet hat. Das ESU-Gerät ist durch und durch multiprotokollfähig und als Universalgerät ansehbar. Mit dem Kauf dieses Gerätes erhält der Kunde ein solides Grundpaket. Mit seiner hohen Ausgangsleistung ist ein zusätzlicher Booster für normalgroße Anlagen nicht nötig. Vor allem Großbahner schätzen dieses.

Auch Viessmanns Commander wird erst durch fortlaufende Aktualisierungen seine volle Funktionsmöglichkeiten erhalten. Als Basispaket bietet es allerdings schon ein Gleisstellpult und andere Features. Mit seinem Farbdisplay ist es in seinen Darstellungsmöglichkeiten den beiden anderen Geräten überlegen, dafür überzeugen die klare, weniger verspielte Darstellung der Grafiken bei den Konkurrenzmodellen. Viessmanns Commander ist für das Selectrix vorerst nicht zu haben.

Alle drei Zentralen werden durch die stetigen Updates für einen langen Zeitraum aktuell bleiben, und das ist im Zeitalter der rasanten Computerentwicklungen nicht selbstverständlich.

Zubehör-Ansteuerungen

Alle Systeme können auch die Steuerung von Drehscheiben, Schiebebühnen, Weichen, Signalen und Beleuchtung übernehmen. Ein unschätzbarer Vorteil bei der Steuerung der Weichen und Signale mittels Digitaltechnik liegt in der vereinfachten Verkabelung der Modellbahnanlage, denn die Decoder beziehen ihre Betriebsspannung und Befehle direkt aus den Schienen. Doch man erkauft sich die eingesparte Arbeit zu einem hohen Anschaffungspreis. Für die Umwandlung der Digitalbefehle an jeder Schaltstelle wird ein Schaltdecoder benötigt. Die eigentliche Funktion, zum Beispiel ein Magnetantrieb, schaltet die Beleuchtungsspannung.

Andererseits besteht bei einer digital betriebenen Anlage die Möglichkeit, sämtliche Fahrzeuge sowie alle Schaltfunktionen von Schiene und Anlage mit

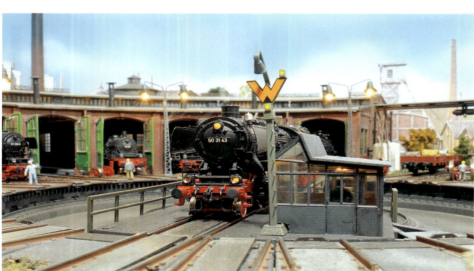

Der zusätzlich eingebaute Märklin-Funktionsdecoder empfängt seine Signale über den Gleisanschluss der Drehbühne. Mit geringerer Verkabelung sind nun erweiterte Schaltmöglichkeiten, etwa das funktionsfähige Wartesignal oder die Beleuchtung der Bedienerbude für die Märklin-Drehscheibe, verfügbar.

Anlagenbetrieb

einem Computerprogramm zu steuern. Spätestens hier sind die digitalen Bausteine für die Anlagenschaltung unumgänglich.

Als Schnittstelle zwischen Computer und digitaler Schaltzentrale benötigt man ein Interface. Als Überraschungseffekte für den Betrachter können zur gleichen Zeit verschiedene Anlagenfunktionen in wechselnder Weise ein- und wieder ausgeschaltet werden, etwa bei der Beleuchtung der Häuser.

Signale

Genügte es bis vor kurzem beispielsweise bei Lichtsignalen noch, wenn diese bei entsprechender Schaltung die farblich korrekten Signalbilder zeigten, sind die Ansprüche und Möglichkeiten inzwischen drastisch gewachsen. Märklins und Viessmanns neueste Signalgenerationen besitzen als wichtigstes Zubehör kleine Bausteine, welche dem verbindenden Signalbus die für das jeweilige Signal passenden und bestimmten Informationen entlocken. Damit wird es beispielsweise bei Selbstblock-

signalen möglich, ganz vorbildgerecht bei Rot zeigendem Hauptsignal das am selben Mast befindliche Vorsignal dunkel zu tasten, sprich abzuschalten. Lediglich bei Fahrt zeigendem Signal erfolgt die Anzeige des Vorsignales. Gleichfalls möglich ist die Nachbildung der beim Vorbild während des Umschaltens der Signalbilder nur kurz wahrnehmbaren Hell-Dunkel-Pausen.

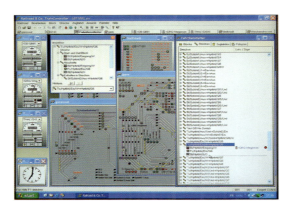

„Fred" von Uhlenbrock ist ein recht einfacher, kabelgebundener Drehregler zum Betrieb digitaler Loks. Programmieren kann man damit aber nicht.

Größere Anlagen und umfangreiche Schattenbahnhöfe lassen sich auch mit Computersoftware steuern. USB oder Ethernet stellen die Verbindung her.

143

5 Digitale und analoge Steuerungen

Analogbetrieb

Viele der heute praktizierenden Modellbahner haben in der Kindheit ihre erste Modelleisenbahn unter dem Weihnachtsbaum vorgefunden. Gespielt wurde mit Lok und ein paar Wagen auf einem einfachen Gleisoval, das eventuell im Pseudobahnhof ein Ausweichgleis aufweisen konnte. Doch schon nach kurzer Zeit war man aber das Spielen im Kreis leid, und so mussten zusätzliche Schienen und Weichen her, die aber nicht mehr von Hand gestellt werden, sondern bei denen per Tastendruck über ein Stellpult der Magnet ausgelöst wird.

Wer heute sein Hobby betreibt, möchte nach Möglichkeit dem Vorbild entsprechend seine Züge über Stellpulte betreiben. Je nach Geldbeutel lassen sich alle Wünsche, vom einfachen bis zum vorbildähnlichen Stellpult, verwirklichen.

Stellpulte

Viele betreiben ihre Anlage mit selbstgebauten Pulten, die auf verschiedenste Weise funktionieren. So kann man beispielsweise mit herkömmlichen Kippschaltern, die durch die Stellung des Kipphebels die Position der Weichen anzeigen, auf preiswerte Weise ein Pult bauen. Auf der Anlage dürfen allerdings nur motorische Weichenantriebe, die eine Endabschaltung besitzen, eingesetzt werden. Magnetartikel würden dagegen schon nach kürzester Zeit wegen der Dauerspannung durchbrennen. Wer mag, kann separate Handregler, die mit langen Kabeln oder per Funk ihre Befehle weiterreichen, seitlich in eine Buchse stecken. Mithilfe der kleinen, mobilen Handregler kann man an jeder beliebigen Stelle das Fahren der Fahrzeuge aus nächster Nähe beobachten. Der feine Regelbereich der Handfahrregler setzt aber eine entsprechend motorisierte und mit einem hochwertigen Getriebe ausgestattetes Modell voraus. Glockenankermotoren, die bekanntesten sind aus dem Hause Faulhaber, erfüllen höchste Ansprüche und lassen sich schon bei niedriger Fahrspannung ansprechen.

Tastenstellpult

Eine weitere Form der Stellpulte ist das tastengeregelte. Durch Drücken einer Taste wird ein Stromfluss aktiviert, der entweder als Fahrstrom direkt auf das Gleis geleitet wird, um die Lok mit Strom zu versorgen, oder als Stellstrom ein Relais oder eine Diodenschaltung auslöst. Beide Impulsgeber wiederum schalten Magnetartikel oder ganze Fahrstraßen einschließlich der Signalisierung, die zuvor entsprechend verdrahtet oder über ein Stellgerät einprogrammiert worden sind. Diese Schaltungen sind im Aufbau sehr kompliziert, kostspielig und nur den Elektronikfreaks zu empfehlen.

Der Elektronik-Laie braucht aber dennoch nicht auf das komfortable Schalten seiner Fahrstrecken mittels eines Stellpultes zu verzichten. Einige namhafte Hersteller bieten in ihrem Sortiment Stellpulte an, die teilweise mit der Technik des Vorbildes vergleichbar sind. So erhält man beispielsweise von Heki und Piko Drucktastenpulte, deren Steckelemente auf einem schematischen Gleisplan basieren. Mittels farbig aufleuchtender Lichtkörper kann man auf dem Gleisschema erkennen, in welche Richtung die Weiche gestellt ist. Gleiches gilt auch für Signale.

Beim Stellpultsystem von Heki wird mittels Besetztmelder sogar die aktuelle Zugbewegung angezeigt. Die einzelnen Stellpultsymbolelemente sind quadratisch und ergeben nach dem Zusammenstecken auf parallel laufenden Alumontage-Klemmleisten eine ebene Mosaikfläche.

Bei den Systemen von Heki. s.e.s und Uhlenbrock unterstützen zusätzliche Bausteine die Funktionen ihrer Stellpulte. Anfahr und Bremsmodule, die auf unterschiedliche Weise über die Gleise angesprochen werden, lassen den sich gerade auf der Strecke befindlichen Zug an Bahnsteigen oder Signalen sanft bis zum Stillstand abbremsen oder setzen den Zug wieder langsam in Bewegung.

Feinfühlige Handregler sind eine sinnvolle Ergänzung hochwertiger Trafos, denn sie erlauben ein Begleiten der Lok während der Fahrt über die Anlage.

Wer es sich zutraut, der kann sich sein individuelles Fahrpult selbst aus Schaltbausteinen herstellen.

Längere Strecken unterteilt man auch im Modell mit Signalen in Blockabschnitte. Die Einfahrten regelt man vorbildentsprechend über Vor- und Hauptsignale.

Anlagenbetrieb

Schaltungen entlang der Strecke

Der Bau und elektrische Anschluss einer Kehrschleife machen bei Wechselstrom keine Probleme. Die Gleise können direkt miteinander angeschlossen werden, ohne dass ein Kurzschluss entsteht. Bei Gleichstrom dagegen würde eine geschlossene Kehrschleife zwangsläufig zu einem Kurzschluss führen. Nur entsprechende Kehrschleifenschaltungen, im Handel als Kompaktbaustein erhältlich, schalten rechtzeitig die Strompolung um.

Kontaktgleise

Bei Wechselstrom können die Fahrzeugräder den Schaltvorgang bei Schalt- oder Kontaktgleisen auslösen. Dabei leiten die stromführenden Räder den Fahrstrom in das isolierte zweite Schienenprofil und von dort zum Schaltobjekt weiter.
Bei Gleichstrom wird Strom für einen kurzen Moment über eine Schaltwippe, die beim Überfahren der Lok, beispielsweise durch den Spurkranz, niedergedrückt wird, freigeschaltet. Der kurze Stromimpuls gelangt zu einem Relais. Mit diesem Gleis kann auch kontrolliert werden, ob im Schattenbahnhof auch wirklich der komplette Zug den Blockabschnitt durchfahren hat, indem die Anzahl der Achskontakte gezählt und verglichen wird. Bahnhofsbesetztmeldungen sind ebenfalls denkbar.

Reedkontakte

Reedkontakte sind Schutzgas-Rohrkontakte, die durch einen direkt über ihnen stehenden Magnet ausgelöst werden. Der Magnet wird unter die Fahrzeuge geklebt. So kann man beispielsweise den ersten Magnet unter die Lok kleben, um einen Schaltvorgang auszulösen. Ein eventuell auch am letzten Wagen befestigter Magnet löst den Kontakt erneut aus. So hat man beispielsweise in Schattenbahnhöfen die Gewähr, dass der gesamte Zugverband auch wirklich die Strecke passiert hat. Reedkontakte arbeiten nahezu verschleißfrei.

Blockstellensteuerung

Blockstellen sind Streckenabschnitte, die von Zügen automatisch gesteuert werden, und erlauben auf einer Strecke den Betrieb mit mehreren Zügen, die von Blockstelle zu Blockstelle vorrücken, sobald der vorausfahrende Zug die einzufahrende Strecke freigegeben hat.
Das heißt, solange ein Streckenabschnitt mit Signalen gesichert und mit einem Zug besetzt ist, steht das Signal des Streckenabschnitts für den nachfolgenden Zug auf Halt. Erst nachdem der letzte Wagen des voranfahrenden Zuges den Abschnitt verlässt, wird für den nachfolgenden Zug der Abschnitt freigeschaltet und dieser rückt vor.
Bei Bahnschranken sind zwei Kontakte erforderlich. Nach Überfahren des Einschaltkontaktes durch den Zug werden über ein Relais die Blinklichtanlage eingeschaltet, die Schranken geschlossen, anschließend die Signale für den Zug auf freie Fahrt gestellt und das Gleis am Bahnübergang mit Strom versorgt. Hat der letzte Wagen den Ausschaltkontakt überfahren, wird über das gleiche Relais die Schaltung wieder in die Ausgangslage zurückversetzt.

Geschwindigkeit regulieren

Der automatisierte Zugverkehr kann durch verschiedene Funktionsmodule beeinflusst werden. Ist das Signal auf Rot gestellt, wird ein Zug durch einen Anfahr- und Bremsbaustein schrittweise bis zum Stillstand abgebremst. Bei Grün regelt das gleiche Modul die Zuganfahrt ebenso sanft. Die Werte können individuell eingestellt werden.
In Bahnhöfen können die Züge mit einem Verzögerungsmodul für eine einstellbare Zeitspanne am Bahnsteig sanft zum Stehen kommen und im Anschluss ebenso sanft wieder anfahren.

Goldene Regeln

1. Heute sollte man des höheren Spielwertes und der Zukunftsfähigkeit wegen trotz höherer Kosten auf Digitaltechnik setzen.

2. Analogbetrieb ist heute noch sinnvoll, wenn größere Sammlungen nichtdigitalisierter Fahrzeuge vorhanden sind, deren Umrüstung zu teuer wird.

3. Kleinanlagen benötigen keine komplexen und dadurch teuren digitalen Steuerungssysteme. Kostengünstig ist dort digitaler Fahrbetrieb mit einfachen Handreglern und analoger Weichen- und Signalschaltung.

Eine Elektronik lässt das rote Warnlicht im Wechsel blinken, während der Zug die Straße passiert.

Das System Lissy arbeitet mit LED und Chip und kommt ohne Computersteuerung aus – ideal auch für Analoganlagen.

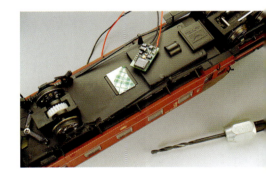

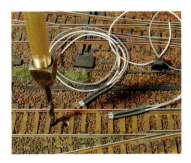

Ins Gleisbett paarig eingesetzte Leuchtdioden werden beim Lissy-System von der Lok erkannt und erlauben eine fast unbegrenzte Steuerungsvielfalt.

5 Fahrzeuge und Technik

Zumindest in der Nenngröße H0 ist die Baureihe 44 für fast alle wichtigen Hersteller – Märklin, Roco, Trix – ein Pflichtmodell. Das Fahren von Vorspannleistungen einschließlich der notwendigen Rangiermanöver gelingt mit digitalisierten Loks allerdings leichter als mit analogen.

Im Rampenlicht eines jeden Theaters stehen in der Regel die Hauptakteure, so auch auf Modellbahnanlagen. Hier sind es die kleinen Nachbildungen von großen Maschinen, die jeden Reisenden am Bahnsteig in ihren Bann ziehen oder die man schon als Kind am Rande des Bahndamms mit faszinierenden Blicken verfolgt hat. Wer es in diesem Hobby nicht zu einer Anlage bringen kann, sei es aus Zeit- oder Platznöten, konzentriert sich zumindest auf das Sammeln von Lokomotiven.

Wer einmal von dem Bazillus der Modellbahnfaszination befallen ist, wird ihn in der Regel nicht mehr los. Man träumt von einer großen Anlage und beginnt vielleicht schon mit der Planung. Auch wenn dieses Vorhaben, der Bau einer eigenen Anlage, noch in weiter Ferne liegt, geht man zumindest zu seinem Händler und kauft sich seine Lieblingsmodelle schon vorab. Auf diesen Umstand hat sich die Industrie inzwischen eingestellt. Die heutigen Modelle, gleich ob Lok oder Wagen, sind in der optischen Ausführung und in der Technik nicht mehr mit denen aus vergangenen Tagen zu vergleichen, hier liegen Welten dazwischen.

Großserienmodelle

Jeder Großserienhersteller versucht sich mit der Vorstellung neuer Modelle in seiner eigenen Entwicklung zu übertreffen.

Doppelentwicklungen von verschiedenen Anbietern sind schmerzhaft und werden möglichst vermieden. Angespornt durch Presse und Kunden werden aber jedes Jahr neue Modelle auf den Markt geworfen. Dadurch ist im Laufe der Jahre vor allem auf dem H0-Sektor ein umfangreiches Angebot entstanden, das die Wünsche der meisten Modellbahner befriedigen kann.

Doch mit der großen Auswahl ist gleichzeitig die verkaufte Stückzahl gesunken. Bei der heutigen Entwicklung muss dieser Umstand bei der Preiskalkulation mitberücksichtigt werden. Entwicklung und Formenbau einer komplizierten Lokomotive, in der Regel sind es Schlepptenderdampflok-Modelle, erreichen schnell 500.000 Euro. Daher liegt es nahe, Modelle zu entwickeln, die über einen langen Zeitraum beim Vorbild gefahren sind und von denen man möglichst viele Variationen erstellen kann. Weitere Aspekte der Kostensenkung sind Detaillierung und Produktionsstandort.

Anlagenbetrieb

So entschloss sich Piko zu einer eigenen Produktion in China, bei der vor allem einfache Fahrzeugmodelle für Einsteiger produziert werden. Machte H0 den Anfang, folgen inzwischen auch preiswerte Modelle in der Nenngröße IIm.

Ähnlich geht Brawa vor, auch dort werden H0-Modelle in China gefertigt. Allerdings sind dies sehr hochwertige und detaillierte Loks mit Preisen zwischen 400 und 600 Euro je nach Ausstattung.

Modellvariationen

Die BR 50 von Roco ist ein gutes Beispiel, wie in der Nenngröße H0 der Weg der Varianten konsequent beschritten wird. Seit dem Erscheinen des ersten Modells sind zahlreiche Beschriftungsvarianten und Bauabwandlungen für Ost und West entstanden, weitere werden folgen. Nicht selten greift man dabei auch auf bereits entwickelte und produzierte Komponenten anderer Loks im eigenen Hause zurück, etwa bei Tendern.

Auch bei anderen Lokmodellen sieht es ähnlich aus. Wenn möglich, verwendet man auch hier Teile von bereits im Handel befindlichen Modellen. So hängen bei Roco-Modellen die Einheitstender an verschiedenen Dampflokomotiven, und Maschinenraumattrappen sind in fast allen E-Loks die gleichen. Vor allem bei der Antriebstechnik kann man in fast allen Modellen die gleiche Konstruktion, zumindest aber den Motor, vorfinden. Märklin benutzt beispielsweise das Fahrwerk der BR 01 für verschiedene andere Baureihen, was auf den ersten Blick auch gar nicht auffällt. Doch die Zeiten der Fantasiemodelle, bei denen man die Ähnlichkeit mit dem nachgebildeten Vorbild nur annähernd ernst genommen hat, sind vorbei. Das Gleiche gilt auch für die heutigen Güter- und Personenwagen.

Kleinserienhersteller

Der Markt vor allem in der Nenngröße H0 ist inzwischen unüberschaubar geworden. Dieses gilt sowohl beim Angebot von Ausstattungsteilen wie auch bei dem rollenden Material. Der normale Händler führt nur das Standardsortiment der Großserienhersteller. Tatsächlich tummeln sich aber weit mehr Anbieter auf dem Markt. Vor allem zahlreiche Kleinserienhersteller, manche sogar nur Feierabendbetriebe, haben sich auf Modelle gestürzt, die ein Großserienhersteller aufgrund seiner prognostizierten geringen Absatzmenge nicht realisieren würde. Der Kleinserienhersteller rechnet mit ganz anderen Umsatzzahlen. Aufgrund seiner kleinen Firmenstruktur, manchmal sind es nur Ein-Mann-Betriebe, braucht er deutlich weniger Gewinne zu erzielen. So hat er die Freiheit, Modelle zu verwirklichen, die nur einen kleinen Liebhaberkreis ansprechen. Dafür müssen die Modelle aber in der Ausführung qualitativ sehr hochwertig sein, denn wenn man nur wenige Modelle produzieren kann, werden die Entwicklungs- und Formkosten auf jedes Modell abgewälzt, der Verkaufspreis liegt daher zwangsläufig deutlich höher als bei einem vergleichbaren Fahrzeug eines Großserienherstellers, und der Kunde möchte für sein Geld einen hohen Gegenwert

Schmalspurfahrzeuge, und noch dazu exotische wie die Stadtbahn-Lok Plettenberg (Hoe-Eigenbau) nebst passenden Personenwagen, sind vielfach als Kleinserienprodukte oder als Bausatz erhältlich.

Kleinserienhersteller wie Lemaco bieten aus Messing gefertigte Modelle, hier die BR 45 in H0, in einer exzellenten Ausführung in erster Linie als Wertanlage für Fahrzeugsammler.

5 Fahrzeuge und Technik

Die Detaillierung von H0-Modellen aus Großserienfertigung, hier die Lollo von Roco mit feinen Griffen und separat montierten Scheibenwischern, filigranen Lüftergittern sowie Drehgestellen mit hoher Plastizität, schreitet stetig voran und lässt inzwischen kaum noch Wünsche offen.

Piko setzt seit Jahren konsequent auf einfach gestaltete Fahrzeuge für Hobbybahner mit schmalem Budget, so auch beim H0-ICE 3.

erhalten. Die Firmen haben sich darauf eingestellt und produzieren viele Teile aus Messing. Modelle von Lematec und Micro Metakit werden im lohngünstigeren Korea zusammengesetzt. Die Stückzahl beschränkt sich auf etwa 150 bis 180 Modelle.

Kostenfaktor Digitalbetrieb

Wegen ihrer Betriebsvorteile und Annehmlichkeiten wie schaltbare Licht- und Geräuschfunktionen, verbunden mit einem höheren Spielwert, werden immer mehr Fahrzeuge auch mit Digitaldecodern ausgerüstet. Damit steigt allerdings auch der Preis: Modelle mit einfachem Decoder liegen bis zu 40, solche mit Sounddecodern meist rund 100 Euro über solchen ohne.

Ein Blick in Kataloge und Internetseiten einschlägiger Hersteller offenbart eine unüberschaubare Flut verschiedenster Decoder. Die wichtigsten Auswahlkriterien sind schnell genannt: Das Datenformat muss zur Zentrale passen und Motortyp und Decoder müssen miteinander harmonieren (DC-Motor, Allstrommotor oder Faulhaber-Motor), vor allem hinsichtlich der Stromaufnahme. Leider finden sich in manchen Modellen echte Stromfresser. Gerade bei älteren N-Modellen reicht dann mitunter der Platz für einen leistungsfähigeren Decoder nicht mehr aus. Bei Modellen neuerer Produktion gibt es dagegen kaum Probleme. Die üblichen 500 mA für kleine und 1000 mA für größere Decoder sind im Regelfall ausreichend. Die Großbahner müssen natürlich mit ganz anderen Werten rechnen. Modelle mit bis zu vier Motoren brauchen entsprechend dimensionierte Decoder.

Persönliche Wünsche spielen ebenso eine Rolle, etwa die Anzahl der möglichen Zusatzfunktionen neben den Ausgängen für die Stirnbeleuchtung. Auch der zuschaltbare Rangiergang oder die abschaltbare Bremsverzögerung können die Auswahl beeinflussen. Daneben erfreut sich SUSI, die Schnittstelle zum Anschluss von Zusatzkomponenten, immer größerer Beliebtheit.

Sind alle Bedingungen, die notwendigen und die persönlichen, erfüllt, bleibt noch festzustellen, ob der ins Auge gefasste Decoder auch in die Lok passt. Hier erlebt man durchaus Überraschungen! In manch großer Lok ist weniger Raum als man dachte und speziell die N- und Z-Bahner sind hier aufgrund der kleinen Abmessungen gefordert. Wer sich weder die Auswahl noch den Umbau selbst zutraut, sollte sich Rat in einem Fachgeschäft oder bei einer Umbauwerkstatt holen.

Ältere Motorola-Decoder kann man nur über das sogenannte Mäuseklavier einstellen, sie sind auch nicht mit der Central Station programmierbar. Neue Decoder werden dagegen häufig durch einen überlangen Umschaltimpuls der alten Märklin-Zentrale in den Programmiermodus versetzt. Es versteht sich von selbst, dass nur die zu programmierende Lok auf dem Gleis steht.

Neueste Decoder für das Motorola-Format sind inzwischen nach dem bei DCC-Systemen üblichen Verfahren zu programmieren, wonach alle Informationen in den sogenannten CV abgelegt

Anlagenbetrieb

Neueste Dampflokmodelle in H0 wie die BR 05 von Märklin bieten zahlreiche Raffinessen: Neben Betriebsgeräuschen und Licht lässt sich ein Rauchgenerator von Seuthe zuschalten.

werden. Somit können diese Decoder auch mit der Central Station leicht geändert werden. Alle grundsätzlichen Parameter zum Einstellen eines Decoders finden sich bei allen Herstellern in denselben CV. Das ist eine Vereinfachung, allerdings sind die Wertebereiche nicht immer einheitlich.

Grundsätzlich eine feine Sache ist die parametrierbare Lastregelung. Über drei CV können die Regeleigenschaften der Decoder dem Motortyp angepasst werden. Doch gerade dieses Anpassen erweist sich für etliche Modellbahner oft als unlösbar, denn die wenigsten von ihnen sind gelernte Mess- und Regeltechniker.

Erfreut man sich an den ausgewogenen Fahreigenschaften eines Glockenankermotors, z. B. von Faulhaber, kann allerdings nicht jeder Decoder verwendet werden. Dieser Motortyp akzeptiert nicht jeden Decoder und äußert sein Unbehagen durch ein deutliches Brummen. Ähnlich verhalten sich die Bühler- und neuen Roco-Motoren.

Folglich muss zuerst geklärt werden, welcher Motortyp in einer umzubauenden Lok überhaupt vorhanden ist. Auch der maximale Strom, den der Motor bei Volllast benötigt, sollte annähernd bekannt sein. Ansonsten kann es unter Umständen während einer anstrengenden Bergfahrt plötzlich anfangen, im Lokgehäuse zu qualmen, und der Decoder verabschiedet sich wegen Überhitzung.

Programmieren

Einfach gestaltet sich die Programmierung der Lokdecoder über die Steuergeräte. Man kann die Loknummern auslesen und die Decodereigenschaften gezielt verändern, ohne dabei das Lokgehäuse vom Fahrwerk nehmen zu müssen. Je nach Komfort zeigen die Displays die Werte einzeln oder gleichzeitig mehrere an. Noch bequemer geht es mithilfe eines normalen Windows-PC. ESU führt seit einiger Zeit den „LokProgrammer" samt zugehöriger Software im Angebot. Durch die entsprechende Grafik unterstützt, gestaltet sich die Festlegung der Geschwindigkeitskennlinie sehr viel verständlicher als durch reine Zahleneingabe. Auch Art, Lautstärke und Geschwindigkeitsabhängigkeit der Lokfahrgeräusche lassen sich so relativ leicht festlegen, und wer will, kann sogar eigene Geräusche aufspielen.

Sound an Bord

Mit der Digitaltechnik haucht man Leben in die kleinen Modelle. Vorreiter für diese faszinierende Technik ist Marktführer Märklin. In einigen seiner Modelle quietscht und stampft es schon seit Jahren. Doch wir stehen hier erst am Anfang der Entwicklung; mit der zunehmenden Speicherkapazität der Soundbausteine sind auch längere Geräuschpassagen möglich und die Anzahl der Effekte kann weiter gesteigert werden. Loktypische Klänge wie die Auspuffschläge einer echten Vierzylinderlok, die Original-Pfeife oder auch nur das Quietschen

Modelle schmalspuriger Loks in der Nenngröße 0 faszinieren wegen ihrer Kompaktheit und zahlreichen Details.

149

5 Fahrzeuge und Technik

Besonders reizvoll ist der gleichzeitige Betrieb von Regel- und Schmalspurbahnen auf dem Dreischienengleis, in H0 angeboten von Tillig in Kombination mit der Rollbockgrube von Bemo.

In der Nenngröße H0 gibt es heute auch exotische Fahrzeuge wie die Akku-Triebwagen der DB unterschiedlicher Generationen in vielen Fällen als Großserienmodelle.

der Räder während des Anhaltens können heute über die Funktionstasten der Reglergeräte am Steuerpult abgerufen werden – und hier liegt die eigentliche Faszination der Digitaltechnik.

Der Klangqualität von Sounddecodern sind natürliche Grenzen gesetzt. Ein Miniaturlautsprecher mit 27 mm Durchmesser und minimalstem Resonanzraum kann nicht den Klang einer Hi-Fi-Anlage mit Dreiwegeboxen bieten. Trotz dieser Einschränkungen haben die Sounddecoder ihren Platz im Markt erobert. Bei deutschen Modellbahnern haben sich die Firmen ESU, Dietz und CT-Elektronik mit ihren Sounds einen Namen gemacht. Die vom US-Markt bekannten Firmen Soundtraxx, Digitrax und andere spielen hierzulande nur eine untergeordnete Rolle.

Bei der Ausführung der Soundbausteine beschreiten die Hersteller aber unterschiedliche Wege. Während ESU eine Komplettlösung, also Digitaldecoder und Soundbaustein in einem, anbietet, setzen Dietz und Uhlenbrock auf die getrennte Ausführung von Soundbaustein und Decoder.

Schnittstellen

Damit man seine noch nicht digitalisierten Modelle problemlos selbst umstellen kann, sind die Steckverbindungen zwischen Lokplatine und Digitaldecoder genormt worden. In den Normen Europäischer Modelleisenbahner (NEM) gibt es verschiedene Schnittstellen: die Schnittstelle S (small) beinhaltet sechs (NEM 651), Schnittstelle M/a (medium/a) acht (NEM 652), Schnittstelle M/b neun (NEM 653) und die große Schnittstelle L (large) vier Steckkontakte (NEM 654). Der neueste Trend ist die 21-polige Schnittstelle, eine verbindliche Normung, die exakt die einzelnen Pinbelegungen festlegt, gibt es aber noch nicht.

Laufeigenschaften

Viele Modelbahner glauben, dass ein mit einem Digitaldecoder ausgerüstetes Lokmodell gegenüber einer Analoglok bessere Fahreigenschaften aufweist. Mit Hilfe der Decoder lassen sich zwar Endgeschwindigkeit und fehlende Massenträgheit korrigieren, jedoch ist diese Herrlichkeit bei jeder Stromunterbrechung sofort vorbei. Eine Lok ohne Schwungscheibe bleibt hier ruckartig stehen. Ein Digitaldecoder ist nicht in der Lage, die Fehler eines schlechten Antriebes zu kaschieren.

Auch kommt es etwa bei Märklin-Loks mit Decoder und C-Sinus-Motor vor, dass diese Fahrzeuge im Analogbetrieb mangelhaftes Fahrverhalten zeigen. Daher ist es ratsam, vor der Digitalisierung den kompletten Antrieb, also Motor wie auch Getriebe, kritisch unter die Lupe zu nehmen. Schnell stellt sich die Frage vor allem bei alten Modellen, ob sich der Kauf eines Decoders lohnt. Denn auch die eventuelle Bestückung mit einem

150

Anlagenbetrieb

neuen Motor oder gar Getriebe belastet zusätzlich den Geldbeutel. Es kann sich unter Umständen sogar lohnen, das gleiche Modell nochmals neu zu kaufen, nur jetzt nach dem neuesten Stand der Technik gefertigt, inklusive Hightech-Decoder und feinabgestimmter Motortechnik.

Stromunterbrechung

Dass unsere Modellbahnfahrzeuge ihre Energie über die Gleise beziehen, ist hinlänglich bekannt. Wir wissen aber auch, dass es gerade bei der Schiene-Rad-Stromübertragung immer wieder Probleme gibt. Ein Höchstmaß an Sauberkeit minimiert zwar die Probleme, doch immer wieder gibt es unzugängliche Stellen auf unseren Anlagen. Erste Hilfe bietet eines der verschiedenen Reinigungsfahrzeuge, die auf einer Anlage permanent im Einsatz stehen sollten.

Konstruktiv begegnet man den kleinen Stromunterbrechungen durch den Einbau von Schwungmassen. Diese mechanischen Energiespeicher sind sehr hilfreich und bei guten Fahrzeugen gehören sie zur Standardausstattung. Daneben lassen sich fast alle Fahrzeuge nachträglich mit Hochleistungsmotoren, dann natürlich mit Schwungmasse, nachrüsten. Die Wirkung der Schwungmasse hängt zunächst von den mechanischen Widerständen in der Lok, also der Selbsthemmung des Motors und des Getriebes, ab. Sodann spielt der Durchmesser der Schwungmasse eine entscheidende Rolle. Hier liegt einer der wesentlichen Knackpunkte dieser Energiespeicher. Je kleiner das Fahrzeug, desto nötiger wäre eine wirkungsvolle Schwungmasse, doch steht ausgerechnet in diesen Fahrzeugen kaum Platz zur Verfügung.

Im Zusammenspiel mit der Digitaltechnik bietet die Firma Lenz seit kurzem einen elektrischen Energiespeicher an. Wir alle kennen Akkus als Form des elektrischen Energiespeichers. Aber auch Kondensatoren können elektrische Energie speichern. Deren Kapazität ist aber im Verhältnis zur Baugröße sehr begrenzt und wurde somit bislang bei Modellen der Baugröße 1 und größer genutzt. Lenz verarbeitet in seinem Power 1 genannten Speicherbaustein hochkapazitive Goldcapkondensatoren als Energiespeicher. Dieser Speicherbaustein kann nur in Verbindung mit entsprechenden Decodern (der Lenz Gold Serie) genutzt werden.

Beleuchtete Waggons

Die Innenbeleuchtung von Reisezugwagen ist nicht permanent eingeschaltet. Zumindest bei digital gesteuerten Modellbahnen lässt sich dieses Handicap durch den Einbau von Funktionsdecodern beseitigen. Da separate Funktionsdecoder fast immer über mehrere Ausgänge verfügen, ließe sich ein Reisezugwagen sogar nur teilweise beleuchten. LED als Leuchtmittel haben im Vergleich zu Glühbirnen einen geringen Strombedarf und werden im

Das H0-Modell der Baureihe 86 von Weinert setzt sich aus vielen verschiedenen Bauteilen aus unterschiedlichen Materialien zusammen.

Großserienfahrzeuge können mit teilweise hohem Aufwand zu optischen Leckerbissen werden. Neben verschiedenen kleinen Zurüstteilen zur optischen Aufwertung können ...

... die Standard-Räder eines Modells komplett gegen filigrane von Kleinserienherstellern getauscht werden. Vereinzelt muss dabei nachlackiert werden.

Größere Änderungen an Fahrzeugen, hier an der BR 56 von Fleischmann, erfordern zahlreiche zusätzliche Spachtelarbeiten.

Ähnliches gilt für die Baureihe 93.5, ein älteres Roco-H0-Modell. Vor allem der Knickrahmen befriedigt nicht und kann mit 2-Komponentenkleber versteift werden. Dann sind aber nur größere Radien befahrbar.

151

5 Fahrzeuge und Technik

Im Dämmerungsbetrieb faszinieren Personenzüge mit Innenbeleuchtung, hier im H0-ETA von Kato. Dank Digitaltechnik ist sie bei Bedarf zu- oder abschaltbar.

der beteiligten Fahrzeuge. Schließlich wollen viele Modellbahner die Kupplung ferngesteuert wieder lösen, auch ein wichtiger Vorgang beim Rangieren. Die Modellbahnhersteller waren beim Entwickeln der Kupplungssysteme besonders fleißig. In der am weitesten verbreiteten Baugröße H0 entstand dadurch ein regelrechter Kupplungssalat, da jeder Hersteller seine Fahrzeuge mit einer hauseigenen Kupplung anbieten wollte, die sich mit Fremdfabrikaten nur in Ausnahmefällen vertrug.

Durch die inzwischen fast durchgängig angewendeten, genormten Aufnahmeschächte für die Kupplungsköpfe können die Betriebsbahner ihren gesamten Fuhrpark mit dem Kupplungssystem ihrer Wahl ausstatten.

In den kleineren Baugrößen TT und N werden die Fahrzeuge inzwischen ebenfalls mit einer genormten Kupplungsaufnahme versehen.

Eine Alternative für alle Baugrößen kommt mit den Produkten von Kadee ins Spiel. Die Kupplungen dieses Herstellers sind im Aussehen der amerikanischen Mittelpufferkupplung ähnlich. Der besondere Pfiff sind das sanfte Einkuppeln sowie die Möglichkeit, die Wagen über einem Permanentmagneten ohne weitere mechanische Vorrichtungen zu entkuppeln. Kadee-Kupplungen müssen fest eingebaut sein, da ihre Funktion durch die seitliche Bewegung der Kupplungsklaue gegeben ist. Die sonst vorteilhafte Kulissenführung ist dabei hinderlich und muss festgelegt werden.

Kupplungen

Um mit Eisenbahnmodellen rangieren zu können, sind auf der einen Seite Rangierloks mit ausgesprochen guten Langsamfahreigenschaften nötig. Das zweite wichtige Kapitel im Modellrangiergeschäft stellen die Kupplungen. Einerseits sollen sie einen Zugverband sicher zusammenhalten, andererseits muss sich diese Verbindung ebenso sicher beim Aneinanderfahren der Modelle ergeben. Und zwar nicht erst durch ein massives Aneinanderstoßen

Betrieb nicht warm und lassen sich in der Helligkeit variieren. Dafür lagen die Farben bislang in einem sehr unnatürlich wirkenden Bereich. Seit einiger Zeit gibt es aber nun endlich warmweiße LED, die sehr schnell den Weg zu den Zubehörherstellern in der Modellbahnindustrie fanden.

Kriterien für die Eignung zum Rangieren

Der oft vermutete Einfluss des Wagengewichtes auf die Kupplungssicherheit stellt sich als weniger bedeutend heraus, ebenso der Reibungswiderstand der Wagen. Am besten kuppeln die Bügel- und

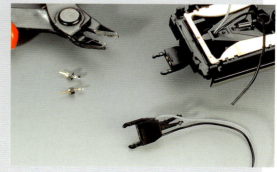

Stromführende Kupplungen sorgen für sichere Energieversorgung im Zug und sind in unterschiedlichen Ausführungen zu haben: digital entkuppelbar von t4t (l.o.), einfach stromführend von Märklin (r.o.) sowie bipolar zum Einstecken in den Normschacht (Märklin, l.u.). Bei Nachrüstungen entfallen die Stecker.

152

Anlagenbetrieb

Fallhakenkupplung von Fleischmann, gefolgt von der Roco-Universalkupplung. Letztere wirkt durch ihre Breite optisch störend.

Auch bei bester Justierung weisen alle Bügelkupplungen ein großes Manko auf. Treffen die Bügel nämlich in exakt gleicher Höhe aufeinander, richten sie sich beide aneinander auf und kuppeln nicht. Dieser Fall tritt gerade bei sehr langsamem Auffahren ein. Auf Rocos Universal- und die Märklin-Kurzkupplung trifft dieses nicht zu, obwohl es sich letztlich auch um abgewandelte Bügelkupplungen handelt. Im Gegensatz zu Kurzkupplungen sind die Bügel auch in leichten Bögen zum Kuppeln bereit, was bei den Kadee- und den Fallhakenkupplungen von Fleischmann oder Teichmann ebenfalls nicht funktioniert.

Entkuppeln per Knopfdruck

Zahlreiche Hersteller bieten ferngesteuerte Entkuppler an, die fast alle nach dem gleichen Prinzip funktionieren: Ein Magnetspulenantrieb hebt eine Bohle an, die das bewegliche Kupplungsteil nach oben drückt. Damit lassen sich fast alle Kupplungen trennen, auch Kurzkupplungen.

Die Permanentmagnete von Kadee, die unter dem Gleis montiert werden sollen, kann man ebenfalls als Entkuppler betrachten. Man sollte die Entfernung unter dem Gleis genau ausprobieren, sonst geschieht etwas ungewollt Kurioses: Auch die Beschwerungsbleche oder Achsen leichter Wagen werden vom Magneten angezogen. Dadurch verharrt der gesamte Wagen über dem Magneten. Ideal ist es, an jeder beliebigen Stelle im Gleis entkuppeln zu können. Dies ist mit speziellen Loks möglich. An ihnen kann ein Kupplungsteil an der Lok über einen Magnetspulenantrieb bewegt werden, um damit die Kupplungen zu trennen. Das Prinzip ist als Märklin Telex-Kupplung in H0 seit Jahren bekannt. Vor wenigen Jahren brachte Märklin eine solche Kupplung auch in der Nenngröße 1. Auch Roco hat ein solches System in seinem H0-Programm.

Stromführende Kupplungen

Für den Betrieb von geschobenen Wendezügen oder die Schaltung von Wagenbeleuchtungen sowie zur allgemeinen Verbesserung der Stromabnahme kann es hilfreich sein, den Zug mit stromführenden Kupplungen auszurüsten. Auf Basis der Standardkupplungen bieten dies unter anderem Fleischmann und Märklin.

Fahrzeugbeschriftungen

Bei der Nummerierung der Fahrzeuge hat jede Bahngesellschaft ihre eigenen Kriterien. So gibt es noch heute bei Privatbahnen Loks mit Namen und Inventarnummer. Aber schon Ende des 19. Jahrhunderts wurden Gattungen mit Unterteilungen in Hauptgruppen und Betriebsnummern vergeben.

Die Bezeichnung der Bayerischen Dampflok S 3/6 3601 (später BR 18.4) setzte sich ab 1908 wie folgt zusammen: „S" für Schnellzuglok, „3" für drei angetriebene Achsen und „6" hinter dem Schrägstrich für insgesamt sechs Achsen. Die 3601 war die laufende Betriebsnummer der Maschine.

Bei der Preußischen Staatsbahn gab es bis 1906 keine Gattungsbezeichnung, die Loks bekamen eine Betriebsnummer, die aus dem Direktionsnamen und einer Zahl bestand. Mit Einführung der Gattungsbezeichnung wurden die Lokomotiven in vier Hauptgruppen unterteilt. So wurde aus der 1362 Cöln ab 1906 die G 5.4 4178 Cöln. Nach Gründung der Deutschen Reichsbahn (1924-1938 Deutsche Reichsbahn) wurde ein neues Nummernschema eingeführt. Man teilte die Dampfloks 1923 in neue Hauptgruppen ein. Für die Elektrolokomotiven wurde erst 1927 ein neues, geschwindigkeitsabhängiges Nummernschema eingeführt. Als äußeres Kennzeichen erhielten die Fahrzeuge Messingschilder mit der Baureihennummer (an allen Seiten), Direktion, Heimatdienststelle, Betriebsgattung und Eigentümer (an den Führerhauswänden). Im Zweiten Weltkrieg ersetzten aufgemalte Beschriftungen mit zusätzlichen neuen Hoheitszeichen die Messingschilder.

Nach Gründung der Deutschen Bundesbahn (DB) und bei der Deutschen Reichsbahn in der DDR (DR) 1949 wurde das Nummernschema der DRG weiter übernommen. Die Fahrzeuge der beiden Bahngesellschaften DB und DR bekamen wieder Schilder, diesmal mit Ziffern aus Aluminium. Bis Mitte der 1950er-Jahre trugen die DB-Loks den Schriftzug „Deutsche Bundesbahn", der dann durch den „DB-Keks" ersetzt wurde. DR-Loks trugen den Schriftzug „Deutsche Reichsbahn".

Mit Einführung der Computernummern wurden die Schilder bei den Loks der DB wieder entfernt und durch aufgemalte Schriften ersetzt. Auch der DB-Schriftzug wurde nun in Form eines Aufklebers angebracht. Die Fahrzeuge der DR wurden ebenfalls mit Computernummern versehen. Im Unterschied zur DB listete man die Diesellokomotiven vor den Elektrolokomotiven ein. Dadurch erhielten die Diesellokomotiven die Ordnungsnummern ab 100 und die Elektrolokomotiven ab 200. Außerdem behielt die DR die Schilder mit den Loknummern bis zur Angleichung der Nummern an das DB-Schema am 1. Januar 1992 bei.

Durch die Bahnreform wurde aus den selbstständigen Staatsbahnen DB und DR die privatisierte Deutsche Bahn AG. Die Fahrzeuge haben nicht nur einen neuen Schriftzug erhalten, sie wurden den einzelnen Abteilungen Fern-, Nah- und Güterverkehr zugeteilt, was durch Aufkleber sichtbar ist. Sämtliche Wagen erhielten zur Länderbahnzeit eine Wagennummer, wodurch sie zumindest in einem Nummernchema erfasst waren. Bei der DRG erhielten die Wagen auch einen Gattungsbe-

Messingschilder der Länderbahnen.

Beschriftung der Reichsbahnzeit.

Klassische DB-Lokanschriften.

Tenderlok der DDR-Reichsbahn.

Diesellokbeschriftung damals ...

... und im Zeitalter der DB AG.

5 Fahrzeuge und Technik

Bayerischer Lokalbahnflair mit „Glaskasten" in der Epoche IIIb.

Nach 1945 trugen Güterwagen Zonen-, ab den 1950er-Jahren europäische Beschriftungen.

zirk, mit dem die Wagen mit Ortsnamen wie z. B. „Magdeburg" für gedeckte Güterwagen bezeichnet wurden. Unter dieser Gattungsbezeichnung wurden alle Länderbahnwagen mit einem Ladegewicht von 15 t, mit einer Länge von 8,5 m (ungebremst) bzw. 8,8 m (handgebremst) zusammengefasst. Außerdem wurde, um die Masse der Wagen voneinander zu unterscheiden, jeder Wagen mit seiner eigenen Wagennummer mit den dazugehörigen Leistungsmerkmalen versehen. Bei diesen Merkmalen handelt es sich u. a. um die Aufschriften wie: Länge über Puffer (LüP) in Meter, Nutzlänge oder Ladelänge in Meter, Eigengewicht in Kilogramm, Bodenfläche bei für Viehbeförderung geeigneten Wagen in Quadratmetern, Entsprechungsmerkmal des RIV = „Regolamento Internazionale Vehicoli" (Übereinkommen über die gegenseitige Benutzung der Güterwagen im internationalen Verkehr von 1922).

Nach dem Zweiten Weltkrieg bis zur Neugründung der Bahnverwaltungen bekamen alle Wagen von den Siegermächten den Zusatzvermerk der einzelnen Zonen wie zum Beispiel Brit-US-Zone. Nach der Gründung der DRG-Nachfolger wurden die Untersuchungsanschriften ab 1955 um Revisionsanschriften für Wagen mit Druckluftbremse (REV/Kns.), der Bremsbauart (Kunze-Knorr-Bremse [G]) und Heimatstandort (Wagen-Heimat Bf Dortmund Hbf) ergänzt. Auch sind die Gattungsbezirke durch Gattungsbuchstaben für die einzelnen Wagen wie z. B. G 10 geändert worden. Mit der Einführung der Computernummern erhielten die Wagen eine neue Gattungsbezeichnung und eine numerische Verschlüsselung, die sich aus zwölf Ziffern zusammensetzt. Diese ist bis heute gültig. In den 1970er-Jahren wurde den Wagen nochmals eine andere Gattungsbezeichnung zugewiesen, doch die Computerverschlüsselung blieb.

Farben der Vorkriegszeit

Schon in den Gründerjahren der Eisenbahn konnte man das Rollmaterial der Bahnverwaltungen durch unterschiedliche Farbgebungen erkennen. Dies trifft heute auf die zahlreichen privaten Wettbewerber der DB zu.

Nach der Verstaatlichung der Bahngesellschaften innerhalb der Staaten in Deutschland änderten sich die Richtlinien. In der Länderbahnzeit hatte jede Bahnverwaltung eine eigene Farbgebung für ihre Fahrzeuge, wodurch sich diese nicht nur durch ihre Bauarten, sondern auch durch die Lackierung unterschieden.

So hatte die Preußische Staatsbahn ihre Dampfloks wie folgt lackiert: Führerhaus und Kessel grün, Fahrwerk rotbraun und Rauchkammer schwarz. Die Bayerische Staatsbahn lackierte Führerhaus, Kessel und Fahrwerk grün. Ausnahmen gab es natürlich auch, so wurden für besondere Anlässe Maschinen in ungewöhnlichem Anstrich, wie z. B. eine bayerische S 3/6 (BR 18.4) mit blauem und eine Gt 2 x 4/4 (BR 96) mit ockerfarbenem Anstrich, auf Ausstellungen gezeigt.

Die Farbgebungen der Lokomotiven und der Waggons wurden erst mit der Gründung der Deutschen Reichsbahn (DRG) im Jahre 1920 vereinheitlicht. Man übernahm zuerst mit einigen Veränderungen die Lackierung der Preußischen Staatsbahn für die Dampfloks, die Elektrolokomotiven

Nummernschema Dampflok 1923:

	preußische Bezeichnung	Neue Stammnummer
Schnellzuglokomotiven	S	01-19
Personenlokomotiven	P	20-39
Güterzuglokomotiven	G	40-59
Schnell- und Personenzuglok-Tenderlokomotiven	T	60-79
Güterzug-Tenderlokomotiven	T	80-96
Zahnradlokomotiven	T	97
Lokalbahnlokomotiven	T	98
Schmalspurlokomotiven	T	99

Nummernschema E-Lok 1927:

Schnellzuglokomotiven	E 00 bis E 29	V max. ab 90 km/h
Personenzuglokomotiven	E 30 bis E 59	V max. 70 bis 90 km/h
Güterzuglokomotiven	E 60 bis E 99	V max. bis 70 km/h

Individuelle Lokbeschriftungen lassen sich mit Aufreibeschildern (links) oder geätzten Messingschildern vornehmen. Nassschiebebilder enthalten die zusätzlich nötigen Symbole.

Bei der DRG waren die Beschilderungen aus Messing gefertigt.

wurden weiter nach dem Farbschema der jeweiligen Länderbahnverwaltung angestrichen. Erst im Jahr 1926 wurde von der DRG ein neues Farbschema für alle Fahrzeuge erstellt. Die Dampfloks erhielten die bis heute gültige Farbgebung. Das Fahrwerk wurde rot. Nun konnte man den Materialverschleiß, wie feine Risse, besser erkennen.

Für die Elektrolokomotiven wurde 1927 folgende Farbgebung festgelegt: Dach mit Aufbauten in Aluminiumoxid, Dachleitungen und Stromabnehmer und die Radkörper rot, Lokkasten, Vorbauten und Sandkästen blaugrau, Rahmen dunkelgrün.

Die Verbrennungs- und Elektrotriebwagen erhielten folgende Farben: Dach mit Aufbauten in Aluminiumoxid, Wagenkasten in Rot und Beige, Rahmen und Fahrwerk in Schwarz

Aber es gab auch bei der DRG Abweichungen in der Lackierung, so erhielten in den Dreißigerjahren wegen der Olympischen Sommerspiele 1936 die Vollverkleidung der Baureihe 05 und später auch der Lokaufbau der Baureihe E 19 einen elegant wirkenden, weinroten Anstrich. Außerdem lackierte man die Loks der Baureihe 61 für den Henschel-Wegmann-Zug, der zwischen Berlin und Dresden verkehrte, in Silber/Beige/Violett. Die Lokkästen

5 Fahrzeuge und Technik

Die Bundesbahn lackierte ihre neuen Dieselloks der BR V200 (Roco) in der Epoche III Rot/Grau, die Schnellzugwagen Grün (2. Klasse) und Blau (1. Klasse)

Internationale Vielfalt der 1990er-Jahre in H0: Die BR 243 der DR (Roco) zieht einen grünen, russischen Weitstreckenschlafwagen (Tillig).

der Elektrolokomotiven wurden teilweise grün und die neuen Triebwagen für den Schnellverkehr in Deutschland lieferte man silber/beige/violett.

Farben der Bundesbahn

Nach der Gründung der DB im Jahre 1949 wurden die Farbgebungen der Baureihen neu festgelegt. Das schon 1926 bei der DRG eingeführte Farbschema der Dampfloks wurde beibehalten. Bei den Elektrolokomotiven wurden neue Lackierungen je nach Einsatzzweck erstellt. So wurden die Lokkästen der Schnellzugloks in Blau, Mehrzweck- und Güterloks in Grün und Rangierloks in Rot lackiert. Die Farbe der Dachaufbauten war silber, die Dachleitungen und Stromabnehmer rot, die der Fahrwerke schwarz, eine Ausnahme bildeten die Radkörper der Stangenloks und die der Baureihe E 16, diese wurden in Rot lackiert. Bei den Triebwagen wurden die Dächer silber, die Wagenkästen rot und der Rahmen mit Fahrwerk schwarz. Bei den Dieselloks wurden die Dächer silber, die Lokkästen rot und der Rahmen mit Fahrwerk dunkelgrau (außer V 60 und V 65: hier Räder rot). Natürlich gab es Ausnahmen: Bei den Baureihen V 20 und V 36 waren die Fahrwerke rot und die Lokkästen schwarz; Letzteres galt auch für einen Teil der Kleinloks wie der Köf I und II.

Für die hochwertigen Fernschnellzüge der noch jungen DB wurden Aufbauten einzelner Loks der Dampflok-Baureihen 01.10, 03.10 sowie E-Loks der Baureihe E 18 passend zum Erscheinungsbild der Wagen in Stahlblau lackiert.

Mitte der 1950er-Jahre begann das Zeitalter der Trans-Europ-Express-Züge (TEE), dafür erhielten die Wagenkästen der neu entwickelten VT 11.5 (BR 601) einen Anstrich in Weinrot und Elfenbein. Anfang der 1960er-Jahre wurde schließlich das Farbschema für die hochwertigen Fernschnellzüge erneuert. So erhielten die Loks der Baureihe E 10 für den Rheingold-Express eine Blau/Creme-Lackierung, später mit Einführung des InterCity wurde der Lack in Weinrot/Elfenbein geändert.

Nach Einführung der Computeranschriften 1968 hielt man Anfang der 1970er-Jahre das Farbschema der Fahrzeuge aus den 1950er-Jahren nicht mehr für modern. So wurden neue Kombinationen ausprobiert, die unter dem Namen Popfarben bekannt wurden.

Das neue Farbschema für Elektro- und Dieselloks sah nun ozeanblau-beige Lackierungen vor, Ausnahmen waren die IC- und S-Bahnloks in Weinrot und Elfenbein beziehungsweise Orange und Weiß. Erst Mitte der 1980er-Jahre kam eine neue Farbvariante, Himbeerrot mit weißen „Lätzchen" für die Elektro- und Dieselloks und für die Nahverkehrstriebwagen Türkis und Weiß. Die letzte neue Farbgebung der alten DB gab es für die ICE-Triebzüge: Weiß mit roten Streifen.

RAL-Farben:

RAL-Farbe Dampflok		Verwendung	Gesellschaft	Epoche
2000	gelborange	elektrische Verteilerdosen	DB, DR	III - IV
3002	karminrot	Fahrwerk, Umlaufkanten	DRG, DB	II - IV
5011	stahlblau	teilweise Kessel, Führerhaus und Tenderwand bei F-Zug-Loks	DB	IIIa
9002	grauweiß	Anschriften	DB	III - IV
9005	tiefschwarz	Lokaufbau	DRG, DB, DR	II - IV
Elektro- und Diesellok				
1001	beige	Triebwagen-Fensterbänder	DRG	II (bis 1945)
1014	elfenbein	Lok-Fensterbänder	DB	IV (ab 1974)
3003	rubinrot	Triebwagen-Wagenkasten	DB	III, IV
3004	purpurrot	Diesellok-Lokkasten	DB	III, IV
3005	weinrot	Triebwagen-Wagenkasten unten	DRG	II (bis 1945)
5020	ozeanblau	Diesel-, E-Lokkasten unten	DB	IV (ab 1974)
7005	mausgrau	Diesellokdächer	DB	IIIb, IV

Anlagenbetrieb

Deutsche Reichsbahn (DR)

Auch das Farbschema der nach dem Zweiten Weltkrieg in Ostdeutschland weiter bestehenden Deutschen Reichsbahn (DR) unterschied sich von der DRG. Wie auch bei der DB wurde das Farbschema der Dampfloks beibehalten. Bei den Elektroloks wurden dagegen die Dächer grau, die Lokkästen grün mit schwarzen Rahmen und roten Fahrwerken lackiert. Das Farbschema der Dieselloks sah wie folgt aus: Lokkasten rot und weiß mit schwarzem Rahmen und schwarzem Fahrwerk. Bei den Rangierloks allerdings wurden die Lokkästen orange, der Rahmen und das Fahrwerk grau lackiert. Bei den Triebwagen wurde das alte Farbschema der DRG beibehalten: Wagenkasten in Rot und Beige, Rahmen und Fahrwerk in Schwarz. In den Siebzigerjahren wurde das Farbschema der Nachkriegs-Elektrolokomotiven geändert: rote Lokkästen mit weißen Streifen und grauem Fahrwerk. Diesen Anstrich erhielten auch die neu beschafften Dieselloks der Baureihen 131–134, bei denen aber der Rahmen schwarz abgesetzt wurde. Auch die anderen Großdiesselloks wurden zum Teil neu lackiert, so erhielten diese ein graues Dach (BR 120), der Lokkasten wurde rot und der Rahmen mit Fahrwerk grau. Das letzte neue Farbschema der DR, Himbeerrot mit weißen Lätzchen für die Elektro- und Diesellokomotiven, wurde Anfang der Neunzigerjahre eingeführt und war dem Farbschema der DB gleich.

Deutsche Bahn AG (DB)

Durch die Bahnreform wurde aus den einst selbstständigen Staatsbahnen DB und DR die privatisierte Deutsche Bahn AG (DB). Das Farbschema der DB AG wurde nach der Eisenbahnreform neu festgelegt. Alle Lokkästen erhalten einen roten Lack mit weißen, breiten Warnstreifen, die Rahmen und Fahrwerke sind grau lackiert. Die Nahverkehrstriebwagen bekommen ebenfalls diese Farbkombination. Ausnahme bilden die ICE-Triebzüge. Sie fahren weiterhin in ihrem weißen Farbkleid mit rotem Streifen über die Gleise der DB. Neu sind vermietete großformatige Werbeflächen auf den eckigen Lokkästen der Baureihen 101 und 120.

■ Goldene Regeln

1. Bei der Zusammenstellung des Fahrzeugparks sollte man sich am Vorbild und der gewählten Epoche orientieren.
2. Heutige Standardmodelle sind sehr detailliert und haben wegen recht niedriger Stückzahlen hohe Preise. Speziell für den Nachwuchs gibt es deshalb Hobby-Serien mit weniger detaillierten Fahrzeugen.
3. Hochwertige Handarbeitsmodelle erfüllen höchste Ansprüche an die Detailtreue, sind aber in der Regel nicht uneingeschränkt für den harten Anlagenbetrieb geeignet, sondern vielmehr als Sammlermodell gedacht.
4. Bausätze ermöglichen das Erstellen ganz individueller Modelle; wegen der Detailtreue und des damit verbundenen Arbeitsaufwandes sind sie nur Experten zu empfehlen.
5. Gut abgestimmte Motoren und Getriebe sind nicht nur im Analog-, sondern auch im Digitalbetrieb unbedingte Voraussetzung für beste Fahreigenschaften. Tatsächlich werden häufig Decoder zur Kaschierung mechanischer Mängel genutzt.
6. Kupplungssysteme sind heute frei tauschbar, die Wahl richtet sich deshalb nach dem Betriebsschwerpunkt, zum Beispiel Kadee für den Rangierbetrieb oder Kurzkupplungen für geschlossene Züge.

Paradezug der Bundesbahn war zweifelsohne der Rheingold. Passend zum Jubiläum 2008 lieferte Märklin in Ho Fahrzeuggarnituren der Ära 1963-1965.

Farbspiele und neue Formen kennzeichnen die Epoche V: Ho-Interregio und Doppelstockzug anno 1997 (oben) und Intercity neben Doppelstockzug anno 2004.

5 Fahrzeugwartung

Zum Zurüsten und Warten des Rollmaterials eignen sich Lokliegen aus Schaumstoff. Vertiefungen nehmen Kleinteile auf.

Zur Reinigung der Radsätze und Schleifkontakte nach längerem Betrieb oder Lackierarbeiten nutzt man Feuerzeugbenzin.

Werkzeuge und Material:

- Lokliege aus Schaumstoff
- Wattestäbchen
- Feuerzeugbenzin
- Nassschleifpapier 400er- bis 800er- Körnung
- Mikroöler
- Spezialfett
- Kleine Schraubendreher
- Diverse Sechskantsteckschlüssel
- Schraubendreher und -schlüssel
- Schienenrubber
- Schienenreinigungswagen

Nur ein einwandfrei laufender Modellbahnbetrieb sorgt für ungetrübte Hobbystunden. Doch bereits nach nur wenigen Betriebsstunden fangen die ersten Lokomotiven an zu bocken. Die Ursachen sind in der Regel stets die gleichen: Staub und Abrieb sorgen für Stromübertragungsprobleme auf den Radlaufflächen und den Schienenschleifern. Während auf der einen Seite regelmäßig die Schienen vom Dreck befreit werden müssen, gilt es zum andern, die Modellfahrzeuge von Zeit zu Zeit zu warten. Haben die Lokomotiven lange Zeit ungenutzt im Schauschrank oder in der Verpackung ihr Dasein gefristet, sollte man sie regelmäßig mindestens eine Stunde lang einfahren und anschließend neben der Reinigung der Räder und Schleifer auch die Getriebe- und Radlager gründlich abschmieren oder mit harzfreiem Öl leicht einölen.

Diese Arbeiten können zwar einer Fachwerkstatt anvertraut werden, doch mit etwas Sorgfalt bei richtiger Wahl der Werkzeuge und Mittel kann man auch selbst diese wichtigen Arbeiten in der eigenen Kleinwerkstatt erledigen.

Empfehlenswert ist eine sogenannte Lokliege aus Schaumstoff, wie sie beispielsweise die Firma Noch in ihrem Programm anbietet. Der weiche Schaumstoff schmiegt sich den Konturen der oft schweren Miniaturlokomotiven an, so dass es an empfindlichen Stellen nicht zu Beschädigungen kommen kann. Darüber hinaus kann man das Modell problemlos auf den Kopf legen, denn in die breite Nut fügt sich das Modell von oben gut ein und kann nicht umfallen.

Die Radlaufflächen lassen sich am besten mit Wattestäbchen, die mit Feuerzeugbenzin leicht getränkt wurden, reinigen. Dazu dreht man mit der Hand das gegenüberliegende Rad, während das Wattestäbchen leicht auf die Lauffläche gedrückt wird. Bei vielen Lokmodellen lassen sich aber aufgrund des eingebauten Getriebes die Antriebsräder nicht drehen. Hier gilt es, an jeweils einer der stromführenden Stellen ein Kabel zuzuführen, das mit einem Fahrregler verbunden ist. Krokodilklemmen sind bei der Befestigung an Rad oder Schleifer sehr hilfreich. Während die Räder durch den laufenden Motor langsam gedreht werden, drückt man das Wattestäbchen auf die zu säubernde Radlauffläche. Der Vorgang ist so lange zu wiederholen, bis kein Abrieb mehr an den Wattestäbchen zu sehen ist.

Ist der Schmutz besonders hartnäckig, greift man auf eine Gummischleifscheibe nebst Kleinbohrmaschine zurück. Die rotierende, korundhaltige Scheibe löst sanft den eingebrannten Schmutz, ohne die Lauffläche zu beschädigen. Auch sehr feines Schmirgelpapier ist denkbar.

Etwa alle zwanzig Betriebsstunden sollte man bei der Wartung darauf achten, dass sich an den Achslagern noch genügend Öl zu deren Schmierung befindet. Wenn nicht, genügt an den entsprechenden Stellen ein Tropfen aus einem Mikroöler. Als Öl kommt aber nur sehr dünnflüssiges Öl, keinesfalls normales Haushaltsöl oder gar Speiseöl in Frage. Jeder Modellfahrzeughersteller bietet entsprechendes Lageröl in seinem Sortiment an.

Hat ein Modell eine Alterung oder Lackierung erhalten, besteht oft die Gefahr, das der Lack durch Scheuern von Verpackungselementen an genau diesen Stellen beschädigt wird. Mit dem Einschlagen der Modelle in eine weiche Plastikfolie wird der unmittelbare Kontakt zwischen Lok und Schachtel vermieden, die Lackierung bleibt geschont und das Modell erhält zudem keine Fingerabdrücke.

Haftreifenwechsel und Kontaktreinigung

Das Abnehmen der Haftreifen geschieht mit einem kleinen Schraubendreher, den man vorsichtig zwischen den Kunststoffreifen und die Nut in der Radlauffläche führt, um dann den Haftreifen nach außen wegzudrücken. Das Aufziehen eines neuen Reifens ist in umgekehrter Reihenfolge durchzuführen. Gleichzeitig können an den mit Gleichstrom betriebenen Lokomotiven die Radstromkontakte mit in Feuerzeugbenzin getränkten Wattestäbchen gereinigt werden. Reicht dies nicht aus und sind noch weitere Unebenheiten an den Kontakten vorhanden, sind diese mit feinstem Naßschleifpapier (400er- bis 800er- Körnung) zu glätten. Das gilt in gleicher Weise für die Skischleifer an den Märklin-Fahrzeugen.

Ein Kohlebürstenwechsel ist nur dann erforderlich, wenn alle anderen Pflegemaßnahmen nicht für Abhilfe des schlechten Fahrverhaltens gesorgt haben und das Fahrzeug immer noch ruckt und zuckt oder sich überhaupt nicht bewegt.

Der Wechsel sollte generell nach Anweisung der Betriebsanleitung, die den einzelnen Fahrzeugen beiliegt, geschehen. Bei einigen Fahrzeugen ist vor dem Wechseln der Kohlebürsten eine vollständige Demontage des Motors nötig, und der Motor ist außerdem nicht bei allen Loks identisch (selbst bei einer Baureihe von ein und demselben Hersteller, denn auch die Motoren sind im Laufe der Jahre weiterentwickelt worden). Daher ist es wichtig, sich bei diesen Arbeiten genau an die Anweisungen des Herstellers zu halten.

Schienenrubber

Die wirkungsvollste Methode, seine Gleise mit der Hand zu reinigen, ist die Verwendung eines Reinigungsgummis. Je nach Anbieter sind die Rubber unterschiedlich groß, doch verwenden sie alle die gleichen Substanzen.

Der Körper ähnelt im Kern einem Radiergummi, seine Oberfläche ist allerdings mit einem feinen Schleifgranulat überzogen. Der Rubber passt sich der Schienenoberfläche wunderbar an und im Nu hat man die Laufflächen der Gleise blank geputzt.

Anlagenbetrieb

Im Gegensatz zu einem Schleifpapier wird das Metall der Schienen geschont und beim Entfernen des Drecks nur unmerklich abgerieben.

Die recht großen Schienenrubber kann man mit einem scharfen Messer kleiner schneiden, um so Stücke für schwer zugängliche Stellen zu erhalten, denn der Nachteil an den Reinigungsgummis ist deren Arbeitshöhe, d. h. alles, was zwischen den Schienen höher als die Schienenoberkante in das Fahrzeugprofil hereinragt, z. B. Wegübergänge, bekommt unweigerlich auch einen Reinigungsgang aufgezwungen.

Die gleichen Reinigungsgummis können auch für die Säuberung sehr schmutziger oder brünierter Fahrzeugräder genutzt werden. Noch besser eignen sich Gummischeiben, die im Zubehörsortiment von kleinen Bohrmaschinen angeboten werden und zusammen mit einer solchen eine gründliche und schnelle Säuberung ermöglichen.

Schienenreinigungswagen

Leider kann man mit dem Schienenrubber nicht alle Stellen auf einer Modellbahnanlage erreichen. In Schattenbahnhöfen, Tunnelstrecken und auf schwer zugänglichen Schienenbereichen würde daher bereits nach einer kurzen Zeit der Fahrbetrieb gestört oder gar zum Erliegen kommen – doch die Modellbahnindustrie hat für diese Problemzonen einige recht unterschiedliche Lösungen im Angebot.

Etliche Modellbahnhersteller, beispielsweise Liliput, Piko oder Roco, verkaufen für die Spurweiten H0 und teils auch N Wagen, die mit Schienenrubbern ausgestattet sind. Der Schleifkörper ist auf einer federnd gelagerten Platte unterhalb des Wagenbodens installiert. Im Gegensatz zu den nahezu unauffälligen Wagen von Liliput und Piko sind die ausgewählten Fahrzeugmodelle von Roco mit einem Reklameschriftzug bedruckt und zudem nur ab Epoche 4 einsetzbar, vorausgesetzt, man möchte die Fahrzeuge in mehreren Zugverbänden einstellen und während des Fahrbetriebes ständig über die Schienen gleiten lassen.

Der Rollwiderstand aller Reinigungsfahrzeuge ist wegen der Schleifkörper sehr hoch und zusätzlich sind die H0-Fahrzeuge ballastiert, um genügend Anpressdruck auf den Schleifkörper ausüben zu können. In einem geschlossenen Zugverband können daher die Fahrzeuge nur hinter der Lok eingestellt werden, es sei denn, man geht das Risiko einer Entgleisung in engen Gleisradien ein.

Rocos N-Fahrzeug sollte noch mehr Ballast erhalten, was allerdings dann zur Folge hat, dass das Fahrzeug nur noch einzeln gezogen werden kann. Modellbahner anderer Epochen können die Andruckplatten einschließlich der Führung als Ersatzteile bei Roco bestellen und mit etwas Bastelgeschick unter einen anderen, epochengerechten Güterwagen oder eine Lok montieren.

Für die Spur N bietet Herkat einen Kesselwagen mit je einem Schienenrubber pro Schiene an. Die Rubber sind allerdings nur auf einem gebogenen, leicht federnden Blechstreifen aufgeklebt.

Rotierende Schleifteller

Herkat hat für H0 einen Kühlwagen entwickelt, dessen Schienenrubber auf zwei waagerecht rotierenden Scheiben aufgeklebt sind. Die Scheiben werden über einen Gummiriemen von beiden Achsen angetrieben. Für Wechselstrom ist zusätzlich ein Messingstreifen für den Mittelschleifer zwischen den Scheiben montiert.

Fleischmann hat schon seit mehr als vierzig Jahren einen Schienenreinigungswagen im Sortiment. Einzig das Modell des Flachwagens wurde zwischenzeitlich gegen ein maßstäbliches neueres ausgetauscht. Das Reinigungsprinzip ist einfach: Zwei mit Filz beklebte Messingscheiben werden wie beim Herkat-Modell über beiden Achsen angetrieben. Im Gegensatz zum Schienenrubber ist die Reinigungswirkung geringer und die Filzscheiben setzen sich schnell mit der unweigerlich entstehenden Dreckpaste zu. Für die Spur N hat Fleischmann schon vor vielen Jahren ein kleines Fantasiemodell entwickelt, dessen rotierende Scheiben vom Lokmotor mit angetrieben werden. Die Oberfläche der Scheiben ist mit einem dem Schienenrubber vergleichbarem Material belegt.

SB-Modellbau hat ein ganz anderes Prinzip der Schienenreinigung für alle Spurweiten entwickelt. Zwei senkrecht rotierende Scheiben werden gegen die Fahrtrichtung motorisch betrieben. Der Antriebsblock sitzt auf einem Messingblock, der zur Schiene neigend gelagert ist.

Einen wirklich pfiffigen H0-Wagen hat Herkat im Programm. Im Inneren eines Kühlwagengehäuses befindet sich ein Behälter für Reinigungsflüssigkeiten. Die fein dosierbare Abgabe erfolgt an eine rotierende Filzscheibe unterhalb des Wagens. Der Füllstand ist durch Öffnen der Ladetüren kontrollierbar. Jüngste Entwicklungen bei den Reinigungswagen kommen von Lux und besitzen zusätzlich kleine Staubsauger.

■ Goldene Regeln

1. Regelmäßige Wartung garantiert Betriebssicherheit der Fahrzeuge und Gleisanlagen.

2. Räder und Schleifkontakte sind Schwachpunkt der Stromaufnahme und erfordern regelmäßiges Reinigen von Radsätzen, Schleifern und Gleisen.

3. Fahrzeuge sollten nicht dauerhaft direktem Sonnenlicht ausgesetzt werden, um Materialschädigungen, zum Beispiel durch UV-Strahlung, zu vermeiden.

Eine simple Methode zur regelmäßigen Gleisreinigung sind unterhalb schwerer Waggons montierte Schleifgummis.

Lux bietet für fast alle Nenngrößen Schleifwagen, teils mit Tank für Reinigungsmittel oder, wie hier, mit integriertem Staubsauger.

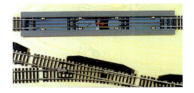

Die Reinigung von Radsätzen im fahrenden Zugverband erlaubt diese Spezialgrube von Lux für alle H0-Modelle.

Zur Rettung von Kleinteilen nutzt man beim Absaugen der Anlage oder des Dioramas über das Saugrohr gestülpte Socken.

Anhang

■ BILDNACHWEIS

■ Modellfotos:

Tiedtke, Markus (367 Fotos)

Tiedtke, Markus und **Großkopf, Volker** (8 Fotos): S. 77 oben, S. 89 unten, S. 101 mitte alle, S. 110 mitte, S. 113 unten, S. 145 oben

Trinom/Geiberger, Stephan (18 Fotos): S. 76 unten, S. 77 unten, S. 81 mitte und unten, S. 82 oben alle, S. 86 alle, S. 87 unten, S. 88 mitte, S. 90 mitte, S. 100 mitte und rechts, S. 144 mitte

Heidbreder, Kurt (B) (24 Fotos): S. 42 mitte, S. 56, S. 58, S. 60, S. 61 oben links und mitte S. 68 oben, S. 70 oben rechts und mitte, S. 79 mitte unten, S. 84/85, S 105 alle, S. 120 mitte, S. 122 mitte und unten

Kosak, Willy (10 Fotos): S. 50 unten, S. 51, S. 72 oben mitte, S. 73 mitte, S. 107 mitte und unten

Kratzsch-Leichsenring, Michael (3 Fotos): S. 141

Luft, Manfred (2 Fotos): S. 123 mitte und unten

Oswald, Uwe (5 Fotos): S. 20 unten, S. 49 oben, S. 66, S. 127 oben, S. 133 unten

Petersen, Carsten (3 Fotos): S. 24 unten, S. 133 oben und mitte

Trinom/Strüber, Oliver (2 Fotos): S. 158 mitte

■ Zeichnungen und Grafiken:

Rohde, Dirk (8 Zeichnungen): S. 30, S. 32, S. 34 S. 35, S. 36, S. 110

Sammlung Tiedtke, Markus (61 Grafiken): S. 36 mitte, S. 68, S. 70, S. 82, S. 87, S. 88 oben, S. 88 unten, S. 89, S. 90 oben, S. 90 unten links und rechts

■ ANLAGEN & MODELLBAU

Arge Spur O: S. 11 rechts

Arge Modellbahn Dortmund: S. 127 mitte

von der Aue, Dieter: S. 38 oben

Baekelmans, Paul (B): S. 10 links

Bemo: S. 43 oben, S. 104 unten

Bergische Eisenbahn-Freunde: S. 58 mitte unten, S. 157 mitte und unten

Beyer, Burkhard: S. 91 mitte

Busch: S. 14 oben links, S. 15 oben, S. 96, S. 104 oben

Brandl, Josef: S. 23 unten, S. 25 unten, S. 38 mitte, S. 40 unten, S. 57 alle, S. 99 unten, S. 109 oben, S. 113 mitte, S. 118 unten, S. 144 unten

Chocolaty, Jörg: S.56 oben

Club de Modelisme de Draveil (F): S. 43 unten, S 101 unten, S. 124 mitte, S. 132 unten

Drachenfelsbahn/Frank Wahl: S. 6, S. 53 unten, S. 119 unten

EBF Friesland: S. 62 oben links, S. 144 mitte

EF Steinachtalbahn-Coburg e. V.: S. 18 oben

Eishindo (J): S. 49 mitte

Fritzschka, Reinhard: S. 106 unten, S. 107 oben

Fröwis, Wolfgang: S. 10 unten, S. 16, S 25 mitte

Furrer, Ernst und **Storrer, Jürg** (CH): S. 16, S.25 oben, S. 82 mitte (Nr. 7), S. 108 oben

Grembocki, Frank: S. 44 oben, S 150 oben

Gröger, Ulrich: S. 48, S. 54, S. 63 unten, S. 64 mitte, S. 79 oben alle, S. 91 unten, S. 93 alle; S. 94 alle, S. 95 oben und unten, S. 127 unten, S. 131 mitte rechts, S. 138 alle, S. 139 oben, S. 140 mitte, S. 142 mitte und unten, S. 152 mitte links

Großkopf, Volker: S. 55, S. 77 oben, S. 89 unten, S. 101 mitte alle, S. 113 unten, S. 145 oben

de Groot, Paul (NL): S. 125 oben und mitte rechts

Hartmann, Rolf: S. 126 unten, S. 145 unten

Hauptschule Dauching: S. 80 unten

Heidbreder, Kurt (B): S. 41, S. 56 mitte und unten, S. 58 oben, S. 60, S. 61 oben links, mitte und unten, S. 63 mitte, S. 64 unten, S. 65 oben, S. 68 oben, S. 70 oben rechts und mitte, S. 92, S. 95 mitte, S. 105 alle, S. 108 unten; S. 109 unten, S. 120 mitte, S. 122 oben, S. 136 oben

Heki: S. 82 mitte links

Heljan: S. 133 mitte

Herz, Britta: S. 98, S. 117 oben und mitte links, S. 122 mitte, S. 124 oben

Huismann, Derk (NL): S. 62 unten, S. 65 unten, S. 117 mitte rechts, S. 130 unten rechts

IG Diehmeltalbahn: S. 30 mitte, S. 76 mitte links

IG Spur II: S. 19

Jacobs, Jane und **John** (GB): S. 127 oben

Jeutter, Heiko: S. 15 unten

Juditzki, Uwe: S. 29 oben

Louvet, Hans: S. 125 unten

Kap, Alain: S. 131 oben

Kampelmann, Klaus: S. 22

Kirsch, Michael: S. 49 unten

Kosak, Willy: S. 72 oben, S. 73 mitte, S. 107 mitte und unten

Kölzer, Frank : S. 147 oben

Lang, Klaus-Dieter: S. 116 oben

Langmesser, Wolfgang: S. 14 oben rechts

Langner, Thomas-Steffen: S. 28 oben

Luft, Manfred: S. 123 alle

Märklin: S. 133 unten

MiniaturWunderLand Hamburg: S. 63 oben, S. 108 mitte, S. 126 oben, S. 133 oben

Modelspoorclub Oost Brabant (NL): S. 112 oben, S. 131 unten links

Modelspoorteam (NL): S. 12 unten, S. 14 unten

Modellbahn Team Osnabrück: S. 132 oben

Modellbahnwelt Oberhausen: S. 11 oben, S. 100 oben, S. 102, S. 114, S. 119 mitte, S. 121

MEC Spijkspoor (NL): S. 34 unten

MO187: S. 10 oben, S. 28 mitte, S. 29 oben mitte, S. 30 oben, S. 31 unten, S. 32, S 36 unten, S. 81 oben links, S. 82 mitt (Nr. 6), S. 97, S. 111 oben, S. 124 unten, S. 130 unten links, S. 136 unten, S. 146, S. 152 oben

Moers, Ger (NL): S. 42 mitte, S. 84/85

Modellbahnfreunde Coburg e. V.: S. 18 oben, S. 35, S. 39 oben, S. 110 oben, S. 116 unten

Modellbahnfreunde Osterholz-Scharmbeck: S. 61, S. 62 oben links

Modellbahn im Stellwerk: S. 20 oben

Modellbauteam Köln: S. 42 unten, S. 80

Neidhardt, Ingo: S. 21 unten, S. 149 unten

Nesselhauf, Kurt: S. 39 unten, S. 118 oben

NOCH: S. 44

Norman, Barry (GB): S. 45 unten

PAJ-Modellbouw (B): S. 18 unten, S. 65 mitte, S. 78.

Poscher, Hans: S. 19 oben alle

Raven, Tom (NL): S. 11 unten

Reinhard, Joachim: S. 151 oben

Rohde, Dirk: S. 28 unten mitte, S. 31 mitte, S. 52 oben und mitte, S. 69 unten, S. 70 unten, S. 71 mitte, S. 75 unten, S. 81 oben mitte, S. 81 oben rechts, S. 82 mitte rechts, S. 89 mitte, S. 112 unten alle, S. 113 oben

Schacht, Rüdiger: S.115 oben

Schirling, Jan: S. 111 unten

Dr. Schroll: S. 103 unten

Schubert, Horst: S. 130 oben

Shreapen, Paul (B): S. 126 mitte

Sleurink, Filip (NL): S. 43 mitte, S. 59

Spur-1-Team Württemberg : S. 48 oben

Stößer, Wolfgang : S. 46 unten, S. 64 oben

Strüber, Oliver: S. 34 oben, S. 40 oben

Three Chop Lumber Company (USA): S. 46

Tiedtke, Markus: S. 8, S. 12 oben, S. 12 mitte, S. 13, S. 24 oben, S. 26/27, S. 28 unten, S. 29 oben, S. 29 unten mitte, S. 31 mitte, S. 36 oben, S. 37, S. 38 unten, S. 53, S. 66, S. 67, S. 69 mitte, S. /2 mitte rechts, S. 73 oben, S. 72 unten, S. 74 alle, S. 75 alle, S. 77 mitte, S. 99 oben und mitte, S. 101 oben, S. 103 oben und mitte, S. 111 mitte, S. 115 unten, S. 120 oben und unten, S. 120 unten, S. 129, S. 148 oben, S. 149 oben, S. 151 mitte und unten, S. 154 oben, S. 155 unten, S. 157 oben

Trinom/Geiberger, Stephan: S. 76 oben, S.76 mitte, S. 76 unten, S. 77 unten, S. 81 mitte und unten; S. 87 mitte und unten, S. 90, S. 100 unten alle

Treves, Jack und **Junk, Bernard** (F): S. 42 oben

Trix/Knipper, Rolf: S. 24 unten, S. 49 oben, S. 117 unten

Walter, Manfred: S. 20 mitte

Wendler, Heiko: S. 47 unten

Wiehn, Walter: S. 20 unten

Windelschmidt, Sönke: S. 155 mitte links

Wust, Henk: S. 21 oben, S. 31 oben, S. 32, S. 106 oben, S. 143 oben

Zurawski, Klaus: S. 83 oben